《畜禽粪便资源化利用技术模式》系列丛书

畜禽粪便资源化利用技术
——达标排放模式

◎ 全国畜牧总站 组编

中国农业科学技术出版社

图书在版编目（CIP）数据

畜禽粪便资源化利用技术.达标排放模式/全国畜牧总站组编.
—北京：中国农业科学技术出版社，2016.8
（《畜禽粪便资源化利用技术模式》系列丛书）
ISBN 978-7-5116-2643-1

Ⅰ.①畜… Ⅱ.①全… Ⅲ.①畜禽–粪便处理 Ⅳ.① X713

中国版本图书馆 CIP 数据核字（2016）第 141203 号

责任编辑　闫庆健　鲁卫泉
责任校对　马广洋

出　版　者	中国农业科学技术出版社
	北京市中关村南大街 12 号　邮编：100081
电　　　话	（010）82106632（编辑室）（010）82109704（发行部）
	（010）82109709（读者服务部）
传　　　真	（010）82106625
网　　　址	http://www.castp.cn
经　销　者	各地新华书店
印　刷　者	北京科信印刷有限公司
开　　　本	787 mm × 1092 mm　1/16
印　　　张	9.25
字　　　数	219 千字
版　　　次	2016 年 8 月第 1 版　2016 年 8 月第 1 次印刷
定　　　价	39.80 元

《畜禽粪便资源化利用技术——达标排放模式》

编 委 会

主 任：石有龙

副主任：刘长春　杨军香

委 员：何世山　邓良伟　廖新俤

主 编：何世山　杨军香

副主编：邓良伟　廖新俤

编 者：何世山　杨军香　邓良伟　刘莉君　吴志勇

　　　　李有志　黄萌萌　廖新俤　刘建营　周卫卫

　　　　华坚青　陈立平

前言

近年来，我国规模化畜禽养殖业快速发展，已成为农村经济最具活力的增长点，有力推动了现代畜牧业转型升级和提质增效，在保供给、保安全、惠民生、促稳定方面的作用日益突出。但畜禽养殖业规划布局不合理、养殖污染处理设施设备滞后、种养脱节、部分地区养殖总量超过环境容量等问题逐渐凸显。畜禽养殖污染已成为农业面源污染的重要来源，如何解决畜禽养殖粪便处理利用问题，成为行业焦点。

《中华人民共和国环境保护法》《畜禽规模养殖污染防治条例》和国务院《大气污染防治行动计划》《水污染防治行动计划》《土壤污染防治行动计划》等对畜禽养殖污染防治工作均提出了明确的任务和时间要求，国家把畜禽养殖污染纳入主要污染物总量减排范畴，并将规模化养殖场（小区）作为减排重点。《农业部关于打好农业面源污染防治攻坚战的实施意见》将畜禽粪便基本实现资源化利用纳入"一控两减三基本"的目标框架体系，全面推进畜禽粪便处理和综合利用工作。

作为国家级畜牧技术推广机构，全国畜牧总站近年来高度重视畜禽养殖污染防治工作，以"资源共享、技术支撑、合作示范"为指导，以畜禽粪便减量化产生、无害化处理、资源化利用为重点，组织各级畜牧技术推广机构、院校和科研单位的专家学者开展专题调研和讨论，深入了解分析制约养殖场粪便处理的瓶颈问题，认真梳理畜禽粪便处理利用的技术需求，总结提炼出"种养结合、清洁回用、达标排放、集中处理"等四种具体模式，并组织编写了《畜禽粪便资源化利用技术模式》系列丛书。

本书为《达标排放模式》，共4章，分别为概述、技术单元、应用要求和典型案例。针对部分大型规模养殖场或养殖小区缺少相应农业消纳地配套，而只能选择达标排放模式来处理畜禽粪便的现状，本书特地选择基础投资省、运行成本低、管理简便、普遍实用的相关处理技术和典型案例进行介绍。

该书图文并茂，内容理论联系实际，介绍的技术模式具有先进、适用特点，可供畜牧行业工作者、科技人员、养殖场经营管理者及技术人员学习、借鉴和参考。

在本书编写过程中，得到了各省（市、区）畜牧技术推广机构、科研院校和养殖场的大力支持，在此表示感谢！由于编者水平有限，书中难免有疏漏之处，敬请批评指正。

编者
2016 年 3 月

目 录

第一章　概　述 ··· 001
　第一节　概　念 ·· 001
　第二节　工艺流程 ·· 004
　第三节　国外经验 ·· 008

第二章　技术单元 ··· 010
　第一节　收集方式 ·· 010
　第二节　贮存方式 ·· 020
　第三节　固液分离 ·· 024
　第四节　处理与利用技术 ·································· 027

第三章　应用要求 ··· 082
　第一节　适用范围 ·· 082
　第二节　注意事项 ·· 083

第四章　典型案例 ··· 085
　案例1　湖南新五丰股份有限公司
　　　　【UASB（厌氧）+SBR（好氧）+消毒处理】········ 085
　案例2　广东惠州市兴牧畜牧发展有限公司
　　　　【沼气池（厌氧）+A/O（好氧）+人工湿地】········ 090

案例 3　浙江美保龙种猪育种有限公司

　　　　【UASB（厌氧）+A²/O（好氧）+ 深度处理】 ················· 096

案例 4　江苏加华种猪有限公司

　　　　【UASB（厌氧）+A/O²（好氧）+MBR 生化处理】 ············· 103

案例 5　天津大成前瞻生物科技农业生态园种猪繁育场

　　　　【UASB（厌氧）+ 微藻培养】 ··························· 108

案例 6　四川铁骑力士种猪场

　　　　【MCR 膜生化处理 +SRO 系统（深度处理）】 ················ 113

案例 7　浙江衢州市宁莲畜牧业有限公司

　　　　【沼液浓缩利用】 ································· 118

案例 8　广东英德市金旭畜牧有限公司

　　　　【HDPE 黑膜沼气池（厌氧）+A/O²（好氧）+ 人工湿地】 ········ 122

案例 9　山东华盛江泉农牧产业发展有限公司

　　　　【UASB（厌氧）+ 活性污泥（好氧）+ 深度处理】 ············· 126

附录：畜禽养殖业污染物排放标准（GB 18596—2001） ·········· 132

参考文献 ··· 137

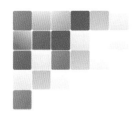
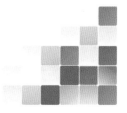

第一章 概　述

第一节　概　念

一、达标排放模式

达标排放模式是在耕地畜禽承载能力有限的区域，大型规模养殖场（小区）采用机械干清粪、干湿分离等节水控污措施，控制粪水产生量和污染物浓度；粪水通过厌氧、好氧生化处理、物化深度处理及氧化塘、人工湿地等自然处理，出水水质达到国家排放标准和总量控制要求；固体粪便通过堆肥发酵等方式生产有机肥或复合肥。

达标排放的概念很宽泛，不同阶段、不同地区、不同企业，养殖粪水达标排放的理解有所不同，要求不一，如有的地区某些养殖企业的粪水经初步处理后纳入工业污水或城市污水统一集中处理，即为达标。目前，仍有许多省份，特别是水资源比较紧缺的地区，以达到农业灌溉标准作为达标排放。但随着经济社会的不断发展，人们环保意识逐步加强，对环境要求越来越高，在缺少消纳土地的大型规模养殖场和密集养殖区，处理后粪水无法按农业灌溉要求暂贮并定期浇灌，导致粪水直接排入溪流、水道，进一步加剧区域水体富营养化，迫使地方政府和环保部门提高养殖污水排放标准，在新国标出台前有的地方已要求按照污水综合排放标准一级或二级标准执行。2014 年 1 月 1 日实施国家第一部专门针对畜禽养殖污染防治的法规性文件《畜禽规模养殖污染防治条例》，2015 年 1 月 1 日新修订的《中华人民共和国环境保护法》，2015 年 4 月 16 日国务院印发的《水污染防治行动计划》，对畜禽养殖企业粪便处理的要求和标准逐步升级，达标排放模式的技术要求也随之提高。

二、养殖粪水特点

畜禽养殖场粪水主要来源于畜禽尿液、栏舍和设施冲洗水、滴漏的饮水、降温用水以及生产过程中产生的其他废水和生活污水等。畜禽种类、饲养方式以及清粪工艺等对粪水总量及污染物浓度影响较大，同时又与天气条件、饲料、栏舍设计等其他诸多因素密切相关。如猪场水冲方式清粪，粪便、尿液和水混合一起，粪水量大且浓度高，COD 可达 20 000 毫克 / 升，总固体含量（TS）大于 10%；人工干清粪工艺相对于传统水冲工艺，节水量可达 30% 以上，粪水中 COD 也较低，仅 5 000~10 000 毫克 / 升，TS 约 5%；近几年推

广应用的导液式自动刮粪板模式，节水效果更显著，粪水量大大减少，因混入的干粪量极少，排出的粪水以尿液为主，COD 较低，在 800~2 000 毫克 / 升，但总氮和氨氮含量较高。国内各地采用水泡粪的设计方式差异较大，深池式水深达 1.5~1.8 米，而有的浅池式水深只有 30~50 厘米，因此，每次粪便排放的间隙时间相差很大，最短的一周到半个月排放一次，而长的超半年才排放一次。由于粪便在水中浸泡与发酵时间不同，粪水中的成分及浓度也有很大差异。

养殖场粪水主要由水、粪、尿液以及散落的饲料等组成。粪水中除水分外主要有粗蛋白、粗脂肪、粗纤维和无氮浸出物等有机成分，以及无机盐类和重金属。尿液中的成分主要来源于血液，少数物质由肾脏合成，水分占 95%~97%，固体物占 3%~5%。固体物包括了有机物和无机物，无机物主要有钾、钠、钙、镁和多种铵盐。正常情况下尿中的氮物质全部为非蛋白质含氮物，主要有尿素、尿酸、尿囊素等。尿素是尿中的主要含氮物，在尿中的含量为 1.5%~2.5%，约占尿中固体物质总量的 50%。在饲料中添加或临床上应用抗生素等物质时，粪便和尿液中也会少量存在。

可见，有别于普通工业废水或城市生活污水，因饲料配方、养殖方式、清粪工艺的不同，相同规模的同类畜禽养殖场其排出粪水的成分、浓度、出水量差异极大，对应的粪水处理的模式、技术、工艺也不尽相同。

三、养殖粪水危害

规模化养殖场每天排放的畜禽养殖粪水量大、集中，含有大量污染物，如 BOD、COD、氨氮、重金属、残留的兽药以及大量的病原体等，如不经过处理直接排放，将会造成严重污染和危害。一是对水体的危害，养殖粪水含有大量病原体和高浓度有机物，有机物分解消耗水中大量溶解氧的同时释放氮、磷营养元素，加剧水体富营养化，大量悬浮物使水体浑浊，影响水中植物的光合作用，导致水体溶解中氧进一步降低，引发水生生物大量死亡。二是对大气环境的危害，畜禽养殖粪水不进行有效处理会产生大量的甲烷（CH_4）、氨气（NH_3）、硫化氢（H_2S）等气体，影响及危害饲养人员及周围居民的身体健康。三是对农田及作物的危害，畜禽养殖业粪水中含有较多的氮、磷、钾等养分，如果未经任何处理就直接、连续、过量施用，会给土壤和农作物的生长造成不良影响，引起全倒伏、贪青，推迟成熟期，影响后续作物的生产，甚至使农作物死亡，降低产量等。大量矿物质元素也会引起土壤板结。有毒有害重金属、抗生素等会导致农产品安全质量达不到要求，甚至危害到人们的身体健康。四是带有病原微生物的粪水可能成为传染源，容易引起动物疫病的传染与流行，严重影响动物疫病的有效防控。

四、达标排放标准

2001 年我国针对养殖污水排放制订了《畜禽养殖业污染物排放标准》（GB 18596—2001），主要污染物及限值见表 1-1-1。

表 1-1-1 《畜禽养殖业污染物排放标准》（GB 18596—2001）规定指标

污染物指标	标准值
BOD$_5$（毫克/升）	150
COD（毫克/升）	400
SS（毫克/升）	200
NH$_4^+$-N（毫克/升）	80
TP（毫克/升）	8.0
粪大肠菌群（个/毫升）	10 000
蛔虫卵（个/升）	2.0

  随着我国经济社会的不断发展，人们对环保意识的增强，该标准已经不能满足农业生产和环境保护的要求，目前正在修订之中。浙江省、山东省和广东省分别于 2005 年、2005 年和 2009 年发布了畜禽养殖业污染物排放地方标准 DB 33/593—2005、DB 37/534—2005 和 DB44/613—2009，这些地方标准根据当地的环保新形势和生态化建设目标，对养殖粪水排放提出了更高要求，这些标准的各项排放参数限值均比 GB 18596—2001 更低。特别是新修订的《中华人民共和国环境保护法》和国务院印发的《水污染防治行动计划》，以及近年来发生的重大畜禽废弃物污染事件，引起全社会的高度关注，我国东南省份有的地方环保部门出台了一些新规定，严格控制养殖粪水的排放量，提高排放标准，甚至按《污水综合排放标准》（GB 8978—1996）中的一级、二级水质标准要求养殖场进行粪水处理和达标排放。该标准中与养殖粪水有关的污染物指标及其限值见表 1-1-2。因此，养殖废水达标排放标准随着时间推移和社会发展在不断地升级。

表 1-1-2 《污水综合排放标准》（GB 8978—1996）规定指标

污染物	一级水质	二级水质	三级水质
BOD$_5$（毫克/升）	30	60	300
COD（毫克/升）	100	150	500
SS（毫克/升）	70	200	400
NH$_4^+$-N（毫克/升）	15	25	—
P（毫克/升）	0.5	1.0	—
硫化物	1.0	1.0	2.0
氰化物	0.5	0.5	1.0
Cu	0.5	1.0	2.0
Zn	2.0	5.0	5.0

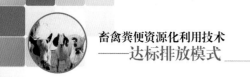

第二节　工艺流程

一、基本方法

养殖粪水达标排放处理模式的基本要求，就是通过各种净化方法，使粪水必须达到一定的净化要求才能排放，防止粪水中的污染物引起环境水体污染。粪水中所含的污染物按其存在形态可分为溶解性和不溶解性两大类。溶解性污染物又可分为分子态（离子态）和胶体态。不溶性污染物又可分为漂浮在水中的大颗粒物质、悬浮在水中的容易沉降的物质和悬浮在水中而不容易沉降的物质。不同形态污染物去除难易程度相差较大，所采用的方法与工艺也不相同。而养殖粪水由于饲养方式、清粪工艺不同，采用的方法与工艺更需要进行综合分析与选择。

（一）按作用原理

粪水处理按照其作用原理通常分为物理技术、化学技术、生物处理技术和自然处理技术等。畜禽养殖粪水中主要的污染物以有机物为主，传统散养时代，农户将养殖粪便用作肥田、或少量的粪水排入池塘（鱼塘）、湿地，凭借自然光照、微生物、氧化等作用进行自然消解净化。因此，有条件的牧场自然消解法也是重要的处理方法或环节之一。

1. 物理技术

主要利用物理作用分离污水中的非溶解性物质，在处理过程中不改变化学性质。常用的有筛滤、沉淀、离心分离、气浮、过滤、反渗透及膜浓缩等。格栅、网筛、沉淀池等常用于养殖粪水的预处理，以减少进入生物处理的粪水浓度，而沉淀、过滤、反渗透及膜浓缩常用于后续的深度处理。

2. 化学技术

是利用化学反应作用来处理或回收污水的溶解物质或胶体物质的方法。常用的有中和法、混凝法、氧化还原法、离子交换法等。化学处理法处理效果好、费用高，多用作生化处理后的出水做进一步的处理，提高最后出水水质。氧化消毒处理常用于回水利用的工艺流程中。

3. 生物处理技术

利用微生物的新陈代谢功能，将污水中呈溶解或胶体状态的有机物分解氧化为稳定的无害物质，使污水得到净化。污水生物处理技术是污水处理工程中应用最广泛的技术，主要利用自然环境中微生物的生物化学作用分解有机物、转化无机物（如氨、硫化物等），使之稳定化、无害化。粪水生物处理工程需要采取人工强化措施，创造有利于微生物的生长、繁殖的环境，使微生物大量增殖，以提高其分解、转化污染物的效率。生物处理技术具有效率高、成本低、投资省、操作简单等优点，在生活污水、工业废水和畜禽养殖废水的处理中都得到了广泛的应用。生物处理的缺点是对要处理污水的水质（如废水成分、

pH值等）有一定要求，对难降解有机物去除效果差；温度影响较大，冬季一般效果较差；占地面积也较大。根据处理过程对氧气需求情况，污水生物处理法可分为厌氧生物处理和好氧生物处理两大类。

4. 自然处理技术

利用自然生态系统中物理、化学和生态等协同作用，通过自然光照、微生物、自然氧化等达到污水自然消解净化的目的，也称生态净化处理法。该技术具有投资少、运行费用低、维持技术水平要求低和能耗小等优点，为传统工业化污水处理技术的廉价替代工艺，或后续深度处理、保障达标排放的重要补充环节。自然处理技术分为人工湿地、氧化塘（稳定塘）、水生养殖、土地处理等技术。人工湿地、氧化塘技术在养殖污水处理中应用较多，当经前段处理后水质较好的情况下，也采用水生养殖模式，以稳定水质和提高经济效益。人工湿地系统是模仿自然生态系统中的湿地，结合了生物学、化学、物理学过程的废水处理技术设施，往往作为废水三级（深度）处理，适宜养殖废水达标排放处理工艺的末端环节。其缺点是占地面积大，湿地植被需要管理，运行效果受气候条件和季节变化影响。氧化塘是一种天然的或经过一定人工修整的有机废水处理池塘。其优点是处理成本低廉、运行管理简便。可分为好氧塘、兼性塘、曝气塘和厌氧塘等4种类型。在猪场粪水的处理中，经常见到的氧化塘有厌氧塘、好氧塘、水生植物塘以及高效藻类塘等。

（二）按处理程度

污水处理按照处理程度可分为一级处理、二级处理和三级处理。

1. 一级处理

主要是去除粪水中呈悬浮状态的固体污染物，常用物理法。经过一级处理后的粪水BOD去除率只有20%~30%，这与清粪工艺以及选用的物理方法有很大关系，如水冲粪模式清粪，蝶式分离机分离，与原水相比其去除比例就很高。但是，一级处理达不到排放标准，属于二级处理的预处理。

2. 二级处理

二级处理一般采用生物化学处理方法。主要是大幅度去除粪水中呈胶体和溶解状态的有机物，去除率可达80%~90%，达到或基本达到污水排放标准。

3. 三级处理

在一级、二级处理的基础上进一步去除某些难降解的有机物、氮、磷等容易导致水体富营养化的无机物质，以及有毒害的重金属元素。三级处理属于深度处理，常用混凝沉淀法、生物脱氮脱磷法、膜过滤技术等。

二、工艺流程

养殖场的畜禽种类、养殖规模大小、饲养与清粪方式、基础设施条件以及达标排放要求等因素不同，选用的工艺流程也有所差异。畜禽养殖业作为全国污染防治重点行业，其粪水的达标治理越来越受关注，畜禽养殖粪水具有典型的"三高"特征，COD高、氨氮高、SS高，而且含有无机盐类和重金属，目前单一的处理方法无法满足粪水达标排放的要求。因此，要结合养殖场养殖种类不同，清粪方式不同，并根据水量、水质情况采用组合处理方法，同时，综合考虑该处理方法的投资、日常运行费用和操作是否方便等问题。选择工艺流程的主要依据包括，国家有关水污染防治政策法规和标准，省（部）级政府或部门的污水治理区域任务、限期目标、区域水污染物总量控制规划，地方政府水治理规划，所在地自然条件（气候、地质、水文、地形地貌等），养殖场基本条件，粪水处理工程的建设规模和建设地址，进水水质、水量、排放制度以及出水水质要求，以及投资框算和运行成本预期等。目前，绝大多数的达标排放处理工程采用多种技术模式的结合，以达到最佳的处理效果和尽可能低的处理成本。选择工艺流程应采用经济有效、方便可行、效果稳定的方法，遵循"减量化、无害化、资源化、生态化、廉价化、简便化"的原则，尽量利用当地的自然地理环境优势，综合考虑，科学设计，合理布局。典型的工艺流程从简到全可分为以下几类。

1. 常用工艺流程中基本处理方法

一般的工艺流程由几个技术单元依次或重复交叉组成，同类技术单元所采用的具体技术可以根据所处粪水处理阶段的技术需求合理选择，进行达标排放（图1-2-1、图1-2-2、图1-2-3、图1-2-4）。

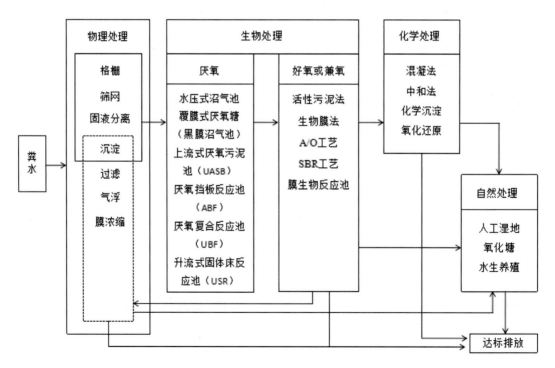

图1-2-1 粪水处理基本工艺流程

2. 常用工艺流程一（图 1-2-2）

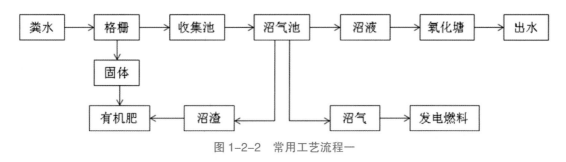

图 1-2-2　常用工艺流程一

3. 常用工艺流程二（图 1-2-3）

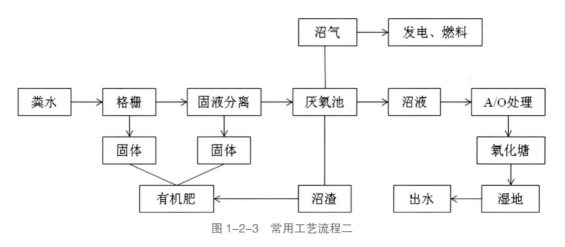

图 1-2-3　常用工艺流程二

4. 生物处理后端深度处理可选工艺三（图 1-2-4）

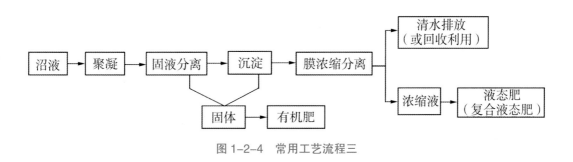

图 1-2-4　常用工艺流程三

　　目前，绝大多数规模养殖场粪水处理工艺中，技术单元所采用的具体技术有所不同，但沼液环节是工艺流程中一个重要关节点，一方面要求尽量完善前段处理技术和设施，使沼液的污染物浓度降低，同时也保持基本稳定。从沼液往后进一步处理的技术模式和工艺可以有很多种，沼液膜浓缩分离技术模式是其中之一。

第三节 国外达标排放模式经验

畜禽养殖业粪便处理问题是世界各国都面临的共性问题。许多发达国家在长期的治理工作中，综合考虑当地的气候、资源和环境等要素，总结出了很多实用性较强的成熟工艺，其中达标排放模式多年来在美国、日本等国都有广泛应用。而其分类管理的思想、污染控制方面的政策措施和实践经验对推动我国畜牧业规模化、标准化、生态化、产业化发展具有很好的借鉴和指导意义。

一、严格细致的法律法规

美国为了从源头治理畜禽粪便，主要通过严格细致的立法来防治养殖业污染。并且通过立法将养殖业划分为点源性污染和非点源性污染进行分类管理。早在 1977 年的《清洁水法》就把工厂化养殖业与工业和城市设施同样视为点源性污染，超过一定规模的畜禽养殖场建场必须报批，获得国家污染物排放削减（NPDES）的排污许可证，并且严格执行国家的相关环境政策法案。非点源性污染（散养户）主要通过采取国家、州和民间社团制订的污染防治计划，示范项目，推广良好的生产实践、生产者的教育和培训等措施科学合理的利用养殖业废弃物。其次，联邦政府政策只是对某些州的环境提出质量标准，而相关的政策措施要靠州一级政府制订更为详细的规章制度。如《清洁水法》第 208 条明确要求各州政府制订出本州的水污染管理计划，并将畜禽粪便处理（包括将粪便施用到作物地里）过程中产生的营养径流作为重要的非点源污染问题纳入管理计划；《水污染法》中，对畜禽粪便污染中的治理和补贴等许多环节均做了具体规定。而且，各州政府也有自己的环境保护法，部分州政府或地方的环境保护法可能比联邦政府的法规更严格、更具体。

日本是对畜禽养殖污染立法最多的国家，自 1950 年开始就推广集约化养殖，新建了大批集约化畜禽养殖场，大量含有畜禽粪尿的废水对天然水体造成了严重的污染，20 世纪 70 年代发生了严重的"畜产公害"。此后便制订了《废弃物处理与消除法》《防止水污染法》和《恶臭防止法》等 7 部法律，对畜禽污染防治和管理要求做了明确规定。要求畜禽养殖达到一定规模（超过 2 000 头猪、800 头牛、2 000 匹马）时，污水必须经过处理达标后才允许排放。其中《恶臭防止法》中规定畜禽粪便产生的腐臭气中硫化氢（H_2S）、氨（NH_3）等 8 种污染物的浓度不得超过工业废气浓度。

二、积极稳妥的财政支持

美国养殖业污染防治资金绝大部分来源于联邦财政和州财政，但农场主也承担了部分费用，其资金投入结构以引导性和激励性资金为主，依靠具体项目完成资金投放。政府承担牧场主 75% 的环境保护费用分摊，新场主该比例可提高到 90%。

欧盟实行农业环境补贴，将农业补贴与环保标准挂钩，对减少肥料使用，扩大生态农业耕作，使用有利于环境和资源的其他生产技术都给予补贴，并大幅度增加用于环保措施的资金。德国联邦政府农业部在欧盟和各州政府的投资之外，每年拿出近 40 亿欧元，占其年度财政预算总额的 66%，用于支持其农业环境政策的落实，控制农业面源污染，提高农产品质量。

日本政府对于养殖场的环境污染防治的资金管理机制较为完善，不仅对养殖场建设进行宏观指导，污染治理也以政府投入为主体，还对所生产的有机肥实施政府补贴，从而做到低价供给农民，大大提高了农民使用有机肥的积极性。鼓励养殖企业建设治污设施，资金以政府投入为主，同时投入大量经费进行畜禽排泄物治理方面的科技攻关。设施建设费 50% 由国家财政补贴负担，都道府承担 25%，而农户仅需支付 25% 的建设费和运行费用。

三、切实有效的激励手段

向农业生产提供优质高效的有机肥源，是发达国家普遍采用的方式。对集约化养殖业畜禽粪便进行无害化处理，制成多效性有机生物肥料应用于农业生产。美国明尼苏达州农场利用畜禽粪便和垃圾发电，不仅处理了垃圾，还为居民提供了新能源。养殖业废水的污染负荷极高，直接生物处理的成本较高。鼓励通过沼气化、酸化、沉淀后，再利用生物塘及土地处理系统对其进行末端处理。

欧洲引导农户提高环保行为意识，农业环境保护主要是以自愿方式引导农户积极参与，财政补贴往往以合同方式落实，成员国在执行农业环境保护政策时，必须尊重公众意愿。

在加拿大，行业协会为养殖者提供养殖技术和环境保护信息，引导养殖者实施健康、清洁的养殖方式，在畜禽养殖环境保护技术的普及和推广方面起到了极大作用。

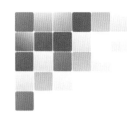

第二章 技术单元

第一节 收集方式

一、雨污分流

雨污分流是指畜禽养殖企业在新建（改造）养殖场时要设置两条排液沟，一条作雨水沟，用于收集雨水，通常为明沟；一条作污水沟并加盖，用于收集粪水，粪水进入猪场污水处理系统中的收集设施，从而最大限度地减少后端处理压力（图2-1-1）。具体主要做到"二改"。

（一）改无限用水为控制用水

推广碗式、碟式自动饮水器等节水养殖技术，改进畜禽养殖饮水系统，增加防漏设施设备，最大限度地减少畜禽养殖企业在养殖过程中的用水量。

变水冲清粪为干式清粪，减少粪水产生量。

图2-1-1 雨污分流

改变畜禽养殖企业原来的露天运动场为封闭式运动场，改用水泥浅排污沟，减少冲洗地面用水；在南方地区尽量采用风机—水帘等降温方式来代替直接对畜体喷淋降温。

改常压冲栏为高压水泵冲洗栏舍以减少用水量。

（二）改明沟排粪污为暗沟排粪污

1. 畜禽栏舍内的缝漏沟

一般沟宽40厘米，沟深20厘米，排粪水沟的坡降控制在5度左右，上面选择铺设水泥漏缝地板、铸铁漏缝地板或者塑料漏缝地板等构件。

2. 在畜禽栏舍新建（改建）

设计时，将排污沟改为暗沟，根据畜禽养殖规模、畜种、饲养方式的不同使用大小不等的PVC塑料管埋入地下50厘米以下，防止雨水混入，减少粪水排放（图2-1-2）。

3. 畜禽栏舍新建（改建）粪水的导流出水设计应遵循就近直线的原则

尽可能不要让粪水在场区内绕圈，以便粪水能够迅速进入粪水收集池或收集塘，同时还要根据区间排粪污管长度设置一定数量检查井，以防堵塞。

4. 排粪污管道

畜禽养殖粪水经专门的排粪污管道进入粪水收集池或收集塘，再进入后端的处理系统。

图2-1-2 污水沟深埋地

二、干清粪模式

生猪养殖干式清粪工艺又称干清粪工艺，是一种简单又行之有效的猪场生产工艺。这

种工艺能够尽量防止猪场固体粪便与粪水混合，最大量地减少粪水产生量，以简化粪便处理工艺及减少设备，为大幅度降低工程投资和运行费用、制作优质有机肥和提高经济效益打下良好的基础。

（一）水冲粪与干清粪比较排粪污量

据有关试验分析测算，一个年出栏0.1万头商品猪的规模猪场采取干清粪、水冲清粪和水泡清粪等不同的清粪方式每天排粪水量有很大差别，干清粪排粪水量最少，水冲清粪排粪水量最大，是干清粪的3~4倍（表2-1-1）。

表2-1-1　不同清粪方式排污水量

清粪方式	排粪水量
干清粪	5~6立方米/天
水冲清粪	15~20立方米/天
水泡清粪	10~12立方米/天

（二）不同清粪方式废水中污染物浓度（表2-1-2）

表2-1-2　不同清粪方式污染物浓度差异　　　　　　　　　　（单位：毫克/升）

清粪方式	pH	COD_{Cr}	NH_4^+-N	TP	TN
水冲粪	6.30~7.50	15 600~46 800	127~1 780	32.1~293	141~1 970
干清粪	6.30~7.50	2 510~2 770	234~288	34.7~52.4	317~423

（三）干清粪设施与排污系统

干清粪栏舍内主要有漏缝地板、污水沟、清粪沟、清粪道、出粪口和舍外集粪池等。

干清粪漏缝地板的功能不同于传统的缝隙地板，后者是尽量使粪水都落入污水沟，前者则要求尿、水迅速流入污水沟，而干粪尽可能多地留在地板上，以实现在源头上就做到固液分离。为此，漏缝地板通常在栏舍沿墙或格栅栏设有饮水装置一侧，设0.3米左右宽即可（图2-1-3）。

同时，为了确保鲜粪有足够的堆积发酵存放时间，舍外集粪池至少应该设置2个以上储粪间（图2-1-4），每个储粪间大小要根据养殖规模来定。

图 2-1-3 母猪定位栏干清粪示意   图 2-1-4 储粪间

干清粪排污系统工艺的设施构件：干清粪排污系统主要有污水沟、舍内沉淀池、排出管、舍间排污支管、排污干管等，同时，还要根据区间排污管长度设置一定数量检查井，以防堵塞，最后排至粪水收集池（图 2-1-5、图 2-1-6、图 2-1-7），进入粪水净化处理系统。整个工艺排污系统要实现暗管排放，防止了明沟造成的雨污混流和对场区空气的污染，确保粪水减量化和粪水处理设施的正常运行。

管理要求：应训练猪尽量在排粪区定点排粪尿。同时做到饲养员清粪不出舍、清粪工不进舍、运粪车不进场，分三段截断了饲养员推粪去粪场的疫病传播途径，也避免了粪场孳生蚊蝇、恶臭污染大气和随降水流失传染疫病，污染水源和土壤。

图 2-1-5 场外收集池   图 2-1-6 场区收集调节池

黑膜防渗

石块压膜

图 2-1-7　贮液塘

三、水（尿）泡粪模式

（一）工艺原理

猪场的水（尿）泡粪工艺就是由原水冲粪工艺基础上改良而来，与传统的水冲粪工艺比较能够节约 50% 以上的用水量，同时该工艺能够定时、有效地清除畜舍内的粪便、尿液。水（尿）泡粪工艺机械化程度高，能够节约大量的人工费用。

其工艺原理是在猪舍内的储粪沟中注入一定量的水，粪尿、冲洗和饲养管理用水一并排入缝隙地板下的粪沟中储存。经过一段时间储存后，排污系统每隔 14~45 天，拉起排污塞子，利用虹吸原理形成自然真空，使粪便顺粪沟流入粪便主干沟，迅速排放到地下储粪池或用泵抽吸到地面储粪池（图 2-1-6）。水（尿）泡粪系统是在猪场新建时设计和施工的。该工艺的缺点主要是由于粪便长时间在猪舍中停留，形成厌氧发酵，产生大量的有害气体（比如硫化氢、甲烷等），并且相关污染物浓度较高，给后处理增加了很大的困难。

（二）漏缝地板

漏缝地板是水（尿）泡粪系统中的重要构件，好的漏缝地板能够给猪创造舒适的躺卧，方便清洁，对猪群的健康起到非常重要的作用，目前通常使用的漏缝地板有水泥漏缝地板（图 2-1-8）和钢网漏缝地板（图 2-1-9）。

图 2-1-8 猪舍内水泥漏缝地板

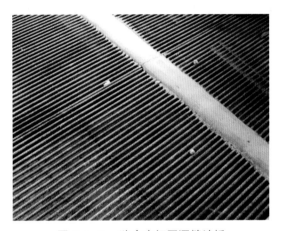

图 2-1-9 猪舍内钢网漏缝地板

（三）贮粪池

规范的贮粪池地面应保持水平、无坡度，这样排粪时才能有很好的虹吸作用，粪水流出所产生的漩涡能够不断地搅动粪池底沉积的粪渣，从而达到快速、干净排放粪水的目的。

猪场池底设计要做到钢混现浇，池壁或者隔墙采用砌砖，外部抹防渗砂浆，使得整个池子的整体防渗透能力强，隔断为现浇墙体（图 2-1-10）。

（四）排污管

粪水管道将猪舍漏缝地板下的粪池分成几个区段，每个区段粪池下安装一个接头，粪池接头处配备一个排粪塞，以保证粪水能存留在猪舍粪池中。不同直径型号的排污管件有其最适合的排污面积限制，如果超出其排污面积，则需在猪舍粪沟下增设隔墙来重新划分排污区域。

设计管路要保持平直，不能拐直角弯。舍内每条排污管路的首末两端均需设置排气

图 2-1-10 贮粪池

阀。如果排污管道中不安装排气阀，粪水排放过程中空气会被迫从其他粪池单元的排污塞子排出，从而使排污塞子被顶起，粪便从舍内粪池溢流出来。

　　储粪池内的粪水经停设计时间后，经排污管道流入收集调节池（图 2-1-6），等待进一步处理。

四、高床漏缝地板养殖模式

　　高床养殖栏舍设计是将"漏缝地板""斜坡集粪槽""饮用余水导流设计"三者之间有机结合的高床养殖清洁生产模式（图 2-1-11）。

　　高床栏舍下部采用斜坡设计，斜坡分为纵向和横向，产生粪便经横向斜坡，干粪被截留在斜坡上，通过栏舍纵向斜坡设计，尿液经斜坡流向集水沟，大大降低粪水中有机物的浓度，易于粪水的收集和处理。

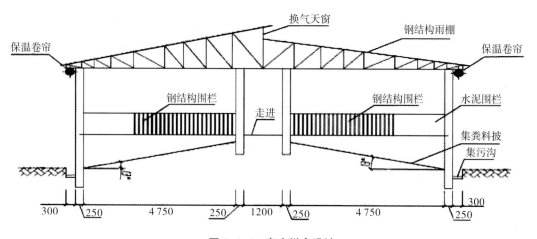

图 2-1-11 高床栏舍设计

（一）漏缝地板设计

猪场栏舍设计采用 2/3 水泥漏缝地板，猪粪尿通过漏缝地板进入栏舍架空层集污区，实现猪场零冲栏工艺，大大降低了粪水产生量（图 2-1-12、图 2-1-13）。

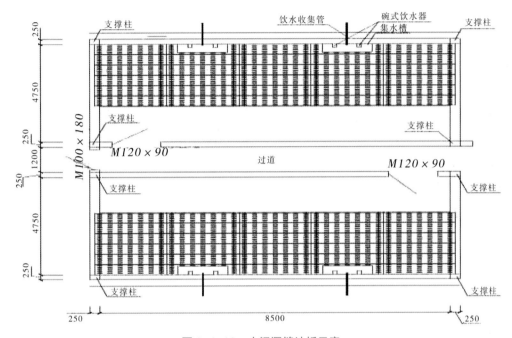

图 2-1-12　水泥漏缝地板示意

图 2-1-13　高床漏缝地板

（二）斜坡集粪槽

猪场栏舍采取高床漏缝建筑，栏舍漏缝地板下部集粪池采用横纵向斜坡设计（图2-1-14），高度约为1.4米，尿液自流进入集水沟收集，干粪由于流动性差被截留在斜坡上，实现固液分离。栏舍纵向斜坡设计，整栋栏舍的尿液经斜坡自留入集水沟，易于粪水的收集和处理。

图2-1-14 斜坡集粪

图2-1-15 饮用余水导流系统

（三）饮用余水导流设计

饮水装置采用碗式饮水器，饮水器下部设计水泥槽将饮用余水通过专用管道引入清水池避免饮用余水进入粪水处理系统，减少粪水产量（图2-1-15）。或者采用嵌入式饮水装置（图2-1-16），也就是将饮水器装在嵌有导水系统内。其主要优点如下。

利于饮水卫生健康，碗式饮水器是近年来猪场采取较多的饮水设备，其过程是猪只饮水用嘴拱动压板，推开出水阀门，供水管内的水通过阀门及阀门座流入杯内供猪只饮用，饮完水靠阀门弹簧的张力使阀门自动复位，停止供水，有利于饮水卫生。

图2-1-16 嵌入式饮水及余水导流系统

减少粪水产生量，饮水装置的亮点是在碗式饮水器下部设计水泥槽装置，能收集多余的饮用余水，流入雨水区，有效减少粪水的产生量，降低粪水排放和处理压力。

（四）自动清粪机械

对于采用全漏缝地板的猪舍，猪粪和尿液一起被踩入或直接漏入粪沟，粪沟中的固体粪便则可以采用机械清粪方式。机械清粪的优点是减轻劳动强度，节约劳动力，提高工效；缺点是一次性投入资金较大，维修繁琐，需要运行维护费用。目前，猪舍常用的机械清粪方式是链式刮板和往复式刮板2种清粪方式。

1.链式刮板清粪装置

链式刮板清粪装置由链刮板、驱动器、导向轮和张紧件等构件组成（图2-1-17），通常安装在猪舍的明沟内，位于猪栏的一侧。猪栏的地面有3~5度的坡度，猪粪流入或被清扫至粪沟中，驱动器带动链式刮板在粪沟内单向移动，将粪便带到猪舍污道端的集粪坑内，然后由倾斜的升运器将粪便送出舍外。

猪粪由人工清扫至粪沟中，这种方式不适用于高床饲养的分娩舍和保育舍内清粪。链式刮板机的主要缺陷是由于倾斜的升运器一般是设计在栏舍外面，这在北方寒冷的冬天易冻结。

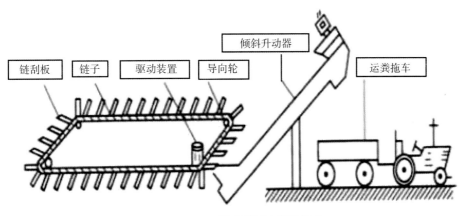

图2-1-17 链式刮板清粪机示意

2.往复式刮板清粪装置

由牵引机、紧张器、牵引绳和刮板等部分组成（图2-1-18），安装在明沟或漏缝地板下的粪沟中。刮板沿纵向粪沟将粪便刮到横向粪沟，然后粪便被排出舍外。这种刮板清粪装置操作简单快捷，可实现自动化管理，手动临时清粪和自动定时清粪任意转换，清粪时间任意设置等特点。通过导尿管装置可以很好地实现干湿分离，同时，刮板前端的护板可防止干粪丢入导尿管内。

导尿管

刮板

图 2-1-18　往复式刮板清粪装置

第二节　贮存方式

根据《畜禽养殖业污染防治技术政策》提出畜禽养殖污染防治应遵循的原则：发展清洁养殖，重视圈舍结构、粪便清理、饲料配比等环节的环保要求；注重在养殖过程中降低资源耗损和污染负荷，实现源头减排。

一、畜禽粪便的来源与特性

集约化养殖场粪水的排泄量因畜禽种类、养殖场清粪工艺、所在地区、饲养管理水平、季节气候等外环境因素影响会有较大差异。

猪粪 N、P 养分含量高，氨化细菌较多，易分解，肥效快，利于形成腐殖质，改土作用好；牛粪含水量高，通气性差，腐熟缓慢，肥效迟缓，发酵温度低，属冷性肥料；鸡粪 P、K 养分含量高，分解过程中易产生高温，属热性肥料；羊粪适用于各类土壤和各类作物，增产效果较好，腐熟后可作基肥、追肥和种肥施用（表 2-2-1）。

表 2-2-1　不同动物粪便的养分含量　　　　　　　　　　（单位：毫克／千克）

养分类型	动物粪便种类			
	猪粪	牛粪	鸡粪	羊粪
N	2.28	1.56	2.08	1.31
P_2O_5	3.97	1.49	3.53	1.03
K_2O	2.09	1.96	2.38	2.40
Zn	663.3	138.6	306.6	88.9
Cu	488.1	48.5	78.2	23.5

"减量化、无害化、资源化"是畜禽养殖粪便处理的主要方向，目前国内畜禽粪便主要用于加工有机肥料、发酵产沼气以及提取生物质等。干清粪工艺在实际生产过程中具有节水降污的优点，不仅能够有效降低后续污染治理成本，还能帮助实现粪便资源最大化利用。

二、养殖粪水的来源与特性

畜禽养殖产生的污染物主要包括固体干粪便、液体（粪水）和气物（臭气）。养殖粪水具有产生量大、来源复杂等特点，其产生量、性质与畜禽养殖种类、养殖方式、养殖规模、生产工艺、饲养管理水平、气候条件等有关。

集约化养殖场排放的废水中包含饲料、尿液、粪便及地面冲洗水，这类废水的水质特点为水量排放不均匀、冲击负荷大、有机物浓度高、含有大量的固体悬浮物且还含有一定量的对人体有害的病原菌，属于高有机物浓度、高氮、磷含量和高有害微生物含量的废水（表2-2-2）。

表2-2-2 畜禽养殖场粪水中的污染物质量浓度 （单位：毫克/升）

养殖种类	清粪方式	COD_{Cr}	NH_4^+-N	TN	TP
猪	水冲粪	1.56×10^4~4.68×10^4 平均21 600	1.27×10^2~1.78×10^3 平均590	1.41×10^2~1.97×10^3 平均805	3.21×10~2.93×10^2 平均127
	干清粪	2.51×10^3~2.77×10^3 平均2640	2.34×10^2~2.88×10^3 平均261	3.17×10^2~4.23×10^2 平均370	3.47×10~5.24×10 平均43.5
奶牛	干清粪	9.18×10^2~1.05×10^3 平均983	4.16×10~6.04×10 平均51	5.74×10~7.82×10 平均67.8	1.63×10~2.04×10 平均18.6
肉牛	干清粪	8.87×10^2	2.21×10	4.11×10	5.33
蛋鸡	水冲粪	2.74×10^3~1.05×10^4 平均6 060	7.0×10~6.01×10^2 平均261	9.75×10~7.48×10^2 平均342	1.32×10~5.94×10 平均31.4

畜禽种类不同，其养殖粪水的污染物特性差异明显，后续粪水治理工艺采用生物处理、物理处理、化学处理等粪便治理路线，选择多样，最终贮存设施及贮存方式需对应设置。

三、量的确定与产生时段

集约化养殖场废水排放量的确定可参考《畜禽养殖业污染物排放标准》（GB 18596—2001）中表4《集约化畜禽养殖业干清粪工艺最高允许排水量》有关标准（表2-2-3）。

表 2-2-3　集约化畜禽养殖业干清粪工艺最高允许排水量

种类	猪 [立方米/(百头·天)]		牛 [立方米/(百头·天)]		鸡 [立方米/(千只·天)]	
季节	冬季	夏季	冬季	夏季	冬季	夏季
标准值	1.2	1.8	17	20	0.5	0.7

　　集约化养殖场粪便排泄量的确定可参考《畜禽粪便贮存设施设计要求》（GB/T 27662—2011）中表1《每动物单位的动物日产粪便量及粪便密度》有关标准（表2-2-4）。

表 2-2-4　每动物单位的动物日产粪便量及粪便密度

参数 名称	单位	动物种类										
		猪	奶牛	肉牛	小肉牛	蛋鸡	肉鸡	火鸡	鸭	绵羊	山羊	马
鲜粪	千克	84	86	58	62	64	85	47	110	40	41	51
粪便/ 密度	千克/ 立方米	990	990	1000	1000	970	1000	1000	—	1000	1000	1000

注：每1000千克畜禽活体重为1个动物单位；"—"表示未测

　　根据畜禽种类不同，集约化养殖场废水产生时段也不尽相同。粪水在排污时段内的排放水量峰值也是废水贮存设施的重要参考指标之一。

　　以海南某规模化养猪场为例，养殖场标准天产污环节及产污时段流程如图2-2-1。

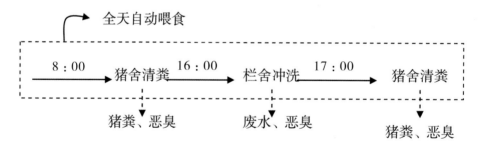

图 2-2-1　养殖场标准天产污环节及产污时段流程

　　该规模化养猪场产生的养殖粪便产生时段主要集中在8:00~10:00，16:00~18:00两个时间段。其中，养殖粪水单位时段排放峰值达到设计处理量1/3。

四、养殖粪水贮存方式

　　集约化养殖场废水贮存参考《畜禽养殖污水贮存设施设计要求》（GB/T 26624—2011）中要求的养殖废水贮存设施容积 V（立方米）计算：

$$V=L_W+R_0+P$$

式中：

L_W—养殖污水体积，单位为立方米（m^3）；

R_0—降雨体积，单位为立方米（m^3）；

P—预留体积，单位为立方米（m^3）。

其中，养殖污水体积、降雨体积、预留体积计算分别为：

（a）养殖污水体积（L_W）

$$L_W=N\cdot D\cdot Q$$

N—动物的数量，猪和牛的单位为百头，鸡的单位为千头。

D—需求养殖业每天最高允许排水量，可参照表2-2-3中夏季排水量进行设计。

Q—污水贮存时间，单位为天（d），其值依据后续污水处理工艺的要求确定。

（b）降雨体积（R_0）

按25年来该设施每天能够收集的最大雨水量（立方米/天）与平均降雨持续时间（天）进行计算。

（c）预留体积

宜预留0.9米高的空间，预留体积按照设施的实际长宽及预留高度进行计算。

根据测算得出养殖废水贮存池容积，下一步只需要根据场地大小、位置及土质条件等确定最终废水贮存池的类型及形式。一般情况下为便于养殖废水的收集提升，集水池选择采取地下贮存钢砼结构。

五、养殖粪便贮存方式

集约化养殖场粪便贮存参考《畜禽粪便贮存设施设计要求》（GB/T 27622—2011）中要求的贮存设施容积 S（立方米）计算：

$$S=\frac{N\cdot Q_W\cdot D}{\rho_M}$$

式中：

N—动物单位的数量；

Q_W—每动物单位的动物每日产生的粪便量，其值参见表2-2-4单位为千克每日（kg/d）；

D—贮存时间，具体贮存天数根据粪便后续处理工艺确定，单位为日（d）；

ρ_M—粪便密度，其值参见表2-2-4，单位为千克每立方米（kg/m^3）。

根据测算得出畜禽粪便贮存设施容积，下一步只需要根据场地大小、位置及土质条件等确定最终粪便贮存场地规格及尺寸，一般粪便贮存设施需要设置防雨顶棚，地面采用砖砼结构硬化防渗措施。

同时，养殖场产生的粪便通过干清粪工艺清出贮存，建议采用塑料内膜隔层编织袋打包或覆盖隔绝毡布方式贮存，避免臭气对外扩散导致二次污染。

第三节　固液分离

一、作用

固液分离是粪便处理的预处理工艺，通过采用物理或化学的方法和设备，将粪便中的固形物与液体分开。该方法可将粪水中的悬浮固体、长纤维、杂草等分离出来，通常可使粪水中的 COD 降低 14%~16%。

粪便经过固液分离后，固体部分便于运输、干燥、制成有机肥或用作牛床垫等；液体部分不仅易于输送、存贮，而且由于液体部分的有机物含量低，也便于后续处理。目前的固液分离主要采用化学沉降、机械筛分、螺旋挤压、卧螺离心脱水等方法。

二、设备

根据畜禽粪便固液分离方法，可将目前市场上使用的固液分离设备分为两大类。

（一）沉降分离设备

沉降分离是利用重力作用自然沉降的分离方式。沉淀池是最常用的设备。优点：不需要外加能量，工艺简单，投入和运行成本低。缺点：粪水在沉淀池中的停留时间长，沉淀渣含水量高（图 2-3-1）。

图 2-3-1　沉淀池

（二）机械分离设备

机械分离方法是目前最广泛使用的、技术相对成熟的固液分离方法。常用的机械分离设备主要有斜板筛分离机、挤压分离机和离心分离机等。近年来，许多厂家将筛网分离与挤压分离相结合，以提高分离效果和效率。

1. 斜板筛固液分离机

斜板筛分离机应用固体物自身的重力把粪水中的固体物分离出来。主机由均料箱、不锈钢筛网、筛板箱和机架组成，没有传动件和动力。优点：投入成本低、运行费用低、结构简单和维修方便。缺点：固体物去除率较低，分离出来的固体物含水率大，筛孔易堵塞，需要经常清洗等（图 2-3-2）。

图 2-3-2　斜板筛固液分离机

2. 挤压式分离机

螺旋挤压分离机是最常用挤压式分离机，是将重力过滤、挤压过滤以及高压压榨融为一体的分离装置。主要由机体、无堵塞泵、网筛、挤压绞龙、电机、卸料装置等组成（图 2-3-3 至图 2-3-6）。优点：自动化水平高、操作简单、易维修、日处理量大、噪声低、

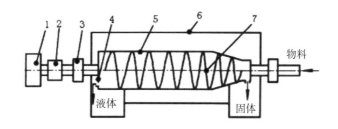

1. 带轮；2. 差速器；3. 轴承座；4. 溢流板；5. 转鼓；6. 罩壳；7. 挤压绞龙

图 2-3-3　螺旋挤压分离机

分离出的固体物含水量低、不易堵塞、寿命长等。缺点：成本及运行费用较高，液体固形物浓度较高。

图 2-3-4　圆筒筛网—螺旋挤压复合分离机

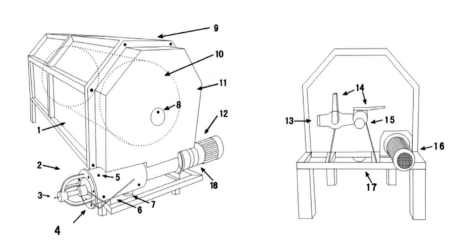

1. 机身；2. 出料机头；3. 顶端螺栓；4. 机头固定螺栓；5. 挤压滤网固定螺栓；6. 干湿调节杆；
7. 挤压出水口；8. 观察口；9. 滤网清洁口；10. 圆筛滤网；11. 前盖；12. 挤压筒电机；13. 溢流阀门；
14. 阀门调节杆；15. 进水阀门；16. 圆筛电机；17. 圆筛出水口；18. 减速机

图 2-3-5　螺旋挤压分离机内部

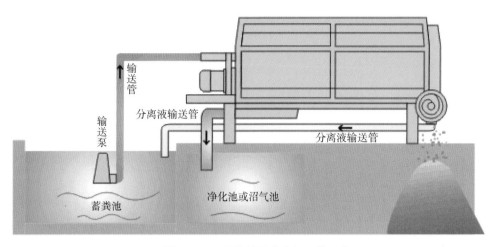

图 2-3-6 螺旋挤压分离机工作示意

3. 离心分离机

离心分离机是利用固体悬浮物在高速旋转下产生离心力的原理使固液分离的一种设备（图 2-3-7）。优点：分离效果好，固体物含水量低。缺点：设备昂贵，能耗大，维修困难。

图 2-3-7 离心分离机

第四节 处理与利用技术

达标排放模式是将粪便通过固液分离后，干粪和粪水分开处理的方式，使干粪得以更好利用，粪水实现达标排放。干粪处理方法与技术在本书不作叙述，重点围绕粪水的达标排放处理技术进行介绍。

一、自然处理技术

（一）人工湿地技术

1.技术概况及优缺点

人工湿地系统（Constructed Wetlands）是模仿自然生态系统中的湿地，经人工设计、建造，在处理床上种有水生植物或湿生植物用于处理废水。它是结合生物学、化学、物理学过程的废水处理技术，是类似于自然湿地，但净化功能更强的一种实用废水处理技术。

人工湿地优点不仅净化废水效果显著、出水水质好，而且易建设、运行费低、不耗能、维护方便，运行过程缓冲力强，系统灵活。人工湿地通常由几个级（即湿地小室）串联或并联构成，从而使系统更加实用、灵活。

根据 NRCS 建议，用于动物粪水处理的湿地，应作为整个废物管理系统的一部分来考虑、来建设。而且入水必需经过预处理，如去除沉淀物和漂浮物。其设计要求是：① BOD_5 负荷率为 0.73 千克/（公顷·天）；②停留时间至少 12 天。至于停留时间长短主要依赖于平均气温和降解 BOD 所需的实际。上述设计欲使湿地最后出水的 BOD<30 毫克/升，TSS<30 毫克/升，（NH_4^+–N）<10 毫克/升。

实践证明，为保证人工湿地的正常运行，采用粪水预处理方案及保证其有效性是至关重要的。固体物的累积会缩短人工湿地的有效寿命，去除固体物是一个必需的预处理步骤。对于养殖粪水来说，因其 BOD 和 TSS 值很高，没有预处理，人工湿地是无效的。

2.人工湿地对氮和磷的去除

人工湿地重要功能之一是较强地去除废水中的氮和磷。因此，许多国家都注重人工湿地去氮和去磷功能的研究。美国、瑞典、新西兰以及丹麦等国研究表明，这种方法效果比较显著，去除氮和磷的范围分别为 30%~50% 和 30%~90%。人工湿地去氮的主要机理是硝化、脱硝和大型植物吸收，去磷则主要是依赖于同化、吸收和沉淀。

（1）人工湿地对氮的去除。氮以有机或无机的形式进入猪场粪水处理湿地。无机形式的氮是硝酸盐（NO_3^-）、亚硝酸盐（NO_2^-）、氨（NH_3）和铵（NH_4^+）。氨可通过挥发从系统中损失，被植物或微生物吸收同化，或在硝化作用中被氧化成硝酸盐。相似地，铵也在生物区被吸收或被硝化。此外由于铵带正电荷，它能被吸附到负离子土壤颗粒上。水中的硝酸盐和亚硝酸盐被植物吸收或脱硝作用而去除。一旦氮被脱硝，它以 N_2O 或 N_2 形式释放到大气中。脱硝作用去氮，是大部分湿地最重要的去氮途径。有机氮被矿化后，进入无机氮循环。由于氮运输包括生物过程，在生长季节期间，当高温刺激微生物种群生长，将促进氮的去除。此外，植物只有在生长季节才发生氮的吸收。

人工湿地中氮的转化主要涉及硝化和反硝化作用。硝化作用只改变氮的形式，反硝化作用才可以使氮以 N_2 和 N_2O 形式从湿地系统中根本去除。但是在人工湿地中，有植被与没有植被的系统以及不同植物对猪场废水中氨氮的耐受力和去除力有较大的差别。

人工湿地去氮与植物的存在与否、植物类型、碳源等有关。不同的湿地植物对去氮影响与根生物量（影响氮吸收及运输 O_2）以及碳源提供有关。无论是否加碳溶液，根生物量越大，植物氮吸收或通过 O_2 运输到根茎区硝化的机会越大。NO_3^--N 去除顺序是：芦苇室＝藨草室＞香蒲室＞藨草室＞无种植的湿地室。

（2）人工湿地对磷的去除。人工湿地对磷的去除是植物吸收、微生物去除以及物理化学作用的结果。无机磷经植物吸收转化为植物的 ATP、DNA 及 RNA 等有机成分，通过收割植物而得以去除。理化作用主要指填料对磷的吸附及填料与磷酸根离子的化学反应，这种作用效果因填料的不同而异。因石灰石及含铁质的填料中含有 Ca 和 Fe，它们可与 PO_4^{3-} 反应生成沉淀，因此，它们是除磷的好填料。微生物除磷包括对磷的正常同化（将磷转变成其分子组成）和对磷的过量积累。在一般的二级处理系统中，当进水磷为 10 毫克／升时，微生物对磷的同化（形成污泥组成式 $C_{60}H_{87}N_{12}P$ 的一部分）仅是进水磷的 4.5%~19%。所以，微生物除磷主要是通过强化后对磷的过量积累来完成，这正是与湿地植物光合作用光反应、暗反应交替进行，并最终造成湿地系统中厌氧、好氧的交替出现有关，这是常规二级处理所难以满足的。

（二）氧化塘处理技术

氧化塘是一种天然的或经过一定人工修整的有机废水处理池塘，又称稳定塘。其优点是处理费用低廉、运行管理方便。按照占优势的微生物种属和相应的生化反应的不同，可分为好氧塘、兼性塘、曝气塘和厌氧塘等 4 种类型。在猪场粪水的处理中，经常见到的氧化塘有厌氧塘、好氧塘、水生植物塘以及高效藻类塘等。

1. 好氧塘

好氧塘是一种主要靠塘内藻类的光合作用供氧的氧化塘。它的水深较浅，一般在 0.3~0.5 米，阳光能直接射透到塘底，藻类生长旺盛，加上塘面风力搅动进行大气复氧，全部塘水都呈好氧状态。塘中的好氧菌把有机物转化成无机物，从而使废水得到净化。晚上藻类不产氧，其溶解氧下降，甚至会接近于低氧或无氧。

传统的藻类塘效率低，已属淘汰之列。近二十年来，国外大力发展了高负荷氧化塘，又称高速率氧化塘。在高负荷氧化塘中，小球藻属和栅列藻属等单细胞绿藻类繁殖旺盛，而且占优势。在猪场粪水处理中，高速率藻类塘得到了比较广泛的应用。

2. 兼性塘

兼性塘的水深一般在 1.5~2 米，塘内好氧和厌氧生化反应兼而有之。在上部水层中，白天藻类光合作用旺盛，塘内维持好氧状态，夜晚藻类停止光合作用，大气复氧低于塘内好氧，溶解氧接近于零。在塘底由于沉淀固体和藻、菌类残体形成了污泥层，由于缺氧而进行厌氧发酵，称为厌氧层。在好氧层和厌氧层之间，存在着一个兼性层。

3. 曝气塘

曝气塘一般水深为 3~4 米，最深可达 5 米。曝气塘一般采用机械曝气，保持塘的好氧状态，并基本上得到完全混合，停留时间常介于 3~8 天，BOD_5 去除率平均在 70% 以上，曝气塘实际上是一个介于好氧塘和活性污泥法之间的废水处理法。曝气塘有机负荷和去除率都比较高，占地面积少，但运行费用高且出水悬浮物浓度较高，使用时可在后面连接兼性塘来改善最终出水水质。

4. 厌氧塘

当用塘来处理浓度较高的有机废水时，塘内一般不可能有氧存在。由于厌氧菌的分解作用，一部分有机物被氧化成沼气，沼气把污泥带到水面，形成一层浮渣层，有保温和阻止光合作用的效果，维持了良好的厌氧条件，不应把浮渣层打破。厌氧塘水深较大，一般在 2.5 米以上，最深可达 4~5 米。

厌氧塘的特点是：无需供氧；能处理高浓度的有机废水；污泥生长量较少；净化速度慢，废水停留时间长（30~50 天）；产生恶臭；处理不能达到要求，一般只能作预处理。

目前厌氧塘的常用设计方法是采用水面 BOD_5 负荷和停留时间，而设计的水面负荷和停留时间受地理条件和气候条件的影响，特别是受气温的影响。温度高于 15℃ 时，厌氧塘能有效地运行。温度低于 15℃ 时，塘中微生物（主要是甲烷菌）活性降至很低。此时，塘只起沉淀作用。

5. 养殖塘

好氧塘和兼性塘中有水生动物所必需的溶解氧和由多条食物链提供的多种饵料，具备养殖鱼类、螺、蚌和鸭、鹅等家禽的良好条件。这种养殖塘以阳光为能源，对污染物进行同化、降解，并在食物链中迁移转化，最终转化为动物蛋白。养殖塘的水深宜采用 2~2.5 米。养殖塘型设置最好采用多塘串联，前一、二级培养藻类；第三、四级培养浮游生物，以藻类为食料，又作为养殖塘鱼类的饵料；最后一级作养殖塘，水深应大些。养殖塘必须防止含重金属和累积性毒物的废水进入，否则会通过食物链危及人体。

6. 水生植物塘

水生植物塘就是在塘中种养一些漂浮植物、浮叶植物、挺水植物和沉水植物等，利用这些水生植物来处理废水，这是一种经济、节能和有效的废水处理技术。水生植物处理系统，通常是由一种或几种维管束植物种植于浅塘。

水生植物塘中最通用的浮水植物是水葫芦，其次是水浮莲和水花生。在猪场粪水处理中，水葫芦塘经常作为粪水厌氧消化处理排出液的接纳塘或是厌氧消化排出液后续好氧处理出水的接纳塘，在我国的很多猪场是前一种类型作为二级好氧处理。

水生植物品种的选择取决于它们的适应和净化能力、是否易于收获处置及利用价值等。一般认为，凤眼莲（即水葫芦）、绿萍等漂浮植物和水浮莲等浮叶植物有很强的耐污能力，适合于前级多污带稳定塘放养；芦苇、水葱、菖蒲等挺水植物具有中等耐污能力，适于在水浅的前级氧化塘栽植；而茨藻、金鱼藻等沉水植物则适合于在寡污带的后级氧化塘和接纳二级处理水的塘中放养。

水生植物对污染物的净化，主要是通过两种途径完成的：一是吸收—贮存—富集和捕集—积累—沉淀；二是它们发达的根系上形成了大量的生物膜。植株通过根端向生物膜输氧，使微生物参与对污染物的净化，上述处理机理在水葫芦塘中表现最为典型，显示出很强的净化能力。水葫芦塘的主要设计参数如下：表面积小于 1 公顷；有机负荷 ≤ 30 千克 $BOD_5/$（公顷·天）；停留时间 5~7 天；水深 0.4~0.8 天；塘的个数大多数采用三塘串联运行。在接纳二级处理出水的稳定塘中，还可以种植白菱、藕、慈姑等水生蔬菜或青绿饲料等。为了提高处理程度，氧化塘可以建成 3~5 级，废水逐级流过，净化程度逐渐提高。

二、生物处理技术

养殖粪水生物处理是最广泛的方法，主要利用自然环境中微生物的生物化学作用分解有机物、转化无机物（如氨、硫化物等），使之稳定化、无害化。粪水生物处理需要采取人工强化措施，创造有利于微生物生长、繁殖的环境，使微生物大量增殖，以提高其分解、转化污染物的效率。生物处理技术具有效率高、成本低、投资省、操作简单等优点。生物处理的缺点是对要处理粪水的水质（如主要成分、pH 值等）有一定要求，对难降解的有机物去除效果差；受温度影响较大，冬季一般效果较差；占地面积也较大。根据处理过程对氧气需求情况，粪水生物处理技术可分为好氧生物处理、厌氧生物处理和厌氧—好氧生物处理三大类。

（一）好氧生物处理

好氧生物处理，简称好氧处理，是在有氧气存在的条件下，利用好氧微生物（包括兼性微生物）生物化学作用降解有机物，使其稳定、无害化的处理方法。微生物利用粪水中存在的有机污染物为底物进行好氧代谢，经过一系列的生化反应，逐级释放能量，最终以低能位的无机物稳定下来，达到无害化的要求，以便返回自然环境或进一步处理。好氧生物处理主要用来去除粪水中溶解和呈胶体的有机物。在好氧处理过程中，粪水中的微生物通过自身的生命活动——氧化、还原、合成和分解等过程，将吸收的一部分有机物氧化分解为简单的无机物，如：H_2O、CO_2、NH_3 等，并释放大量的能量，另一部分有机物代谢合成新的细胞物质（原生质），从而微生物不断生长、繁殖，产生更多的微生物（也就是粪水处理中形成的剩余污泥），好氧生物处理基本原理可用图 2-4-1 表示。好氧生物处理法有活性污泥法和生物膜法两大类，活性污泥法是水体自净的人工化，是使生物群体在反应器（曝气池）内呈悬浮状，并与粪水接触而使之净化的方法，所以又称悬浮生长法。生物膜法又称固定生长法，是土壤自净（如灌溉田）的人工化，是使微生物群体附着于其他物体表面上呈膜状，并让它和粪水接触而使其净化的方法。

影响好氧生物处理的主要因素有：

① 溶解氧（DO）：供氧多少一般用混合液溶解氧的浓度控制。供氧不足会出现厌氧

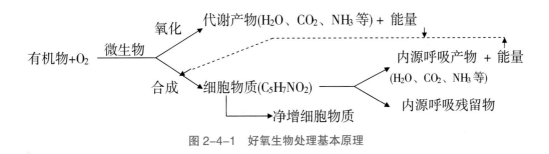

图 2-4-1 好氧生物处理基本原理

状态，妨碍好氧微生物正常的代谢过程，也容易滋长丝状细菌。为了使污泥沉淀分离性能良好，期望培养较大的活性污泥絮凝体，絮凝体越大，所需的溶解氧浓度越大。一般说，溶解氧浓度以 2 毫克 / 升左右为宜。

② 水温：温度是影响微生物活性的重要因素之一，在适宜温度范围内，随着温度的升高，生化反应的速率加快，增殖速率也加快。细胞的组成物如蛋白质、核酸等对温度很敏感，温度突然升高或降低并超过一定限度时，会产生不可逆的破坏。对于好氧生物处理，一般认为水温在 20~30℃时效果最好，35℃以上和 10℃以下净化效果即降低。如果水温能维持 6~7℃，并采取提高污泥浓度和降低污泥负荷等措施，活性污泥仍能有效地发挥其净化功能。

③ 营养物质：微生物细胞组成中，C、H、O、N 占 90%~97%，其余 3%~10% 为无机元素，主要的是 P。因此，微生物的代谢需要一定比例的营养物质，除 BOD_5 表示的碳源外，还需要氮、磷和其他微量元素，对氮、磷的需要量可按 $BOD_5：N：P=100：5：1$ 进行估计。畜禽养殖粪水一般不需再投加营养物质。

④ pH 值：对于好氧生物处理，pH 值一般以 6.5~9.0 为宜。pH 值低于 6.5，真菌即开始与细菌竞争，pH 值低到 4.5 时，真菌将完全占优势，严重影响处理效果；pH 值超过 9.0 时，代谢速度将受到阻碍。

⑤ 有毒物质（抑制物质）：对于生物处理有毒害作用的物质很多，其中包括重金属、氰、硫化氢等无机物质，酚、甲醛等有机物质。毒物的毒害作用与 pH 值、水温、溶解氧、有无其他毒物及微生物的数量和是否驯化等有很大关系。

⑥ 氧化还原电位：好氧细菌：+300~400 毫伏，至少要求大于 +100 毫伏。

1. 活性污泥法

向一个装有畜禽粪水的池中，连续或间歇鼓入空气，维持水中有足够的溶解氧，为微生物生长创造良好的条件，经过一定时间后，就会产生褐色絮花状的泥粒。在显微镜下可以发现，泥粒充满着各种各样的微生物——细菌、霉菌、原生动物和后生动物，如轮虫、昆虫的幼虫和蠕虫等，这种充满微生物的絮状泥粒就叫作活性污泥。在活性污泥中，除了微生物外，还含有一些无机物和分解中的有机物。微生物和有机物构成活性污泥的挥发性部分（即挥发性活性污泥），它约占全部活性污泥的 70%~80%。活性污泥的含水率一般在 98%~99%。根据粪水水质的不同，活性污泥有着不同的颜色，如褐色、黄色，像矾花一样，比表面积大。活性污泥具有很强的吸附和氧化分解有机物的能力。

活性污泥净化粪水主要通过两个阶段来完成。

在第一阶段，也称吸附阶段，粪水通过活性污泥的吸附作用得到净化。吸附作用进行十分迅速，也就是说，基本上在曝气池（推流式曝气池）起端的一小段距离内就已经完成吸附作用，粪水生化需氧量（BOD_5）去除率可达 85%~90%。在这一阶段，除吸附外，还进行了吸收和氧化的作用，但主要是吸附作用。胶体状和溶解性的混合有机物被活性污泥吸附后，有再扩散的现象，主要是由于固体有机物质被吸附并经微生物酶作用后，变成可溶性物质而扩散到液体中去的缘故。

第二阶段，也称氧化阶段，主要是继续分解氧化前阶段被吸附和吸收的有机物，同时也继续吸附前阶段未及时吸附和吸收的残余物质，主要是溶解物质。这个阶段进行得相当缓慢，比第一阶段所需的时间长得多。实际上，曝气池的大部分容积都用在进行有机物的氧化和微生物细胞质的合成。吸附达到饱和后，污泥就失去活性，不再具有吸附的能力。但通过氧化阶段，除去了所吸附和吸收的大量有机物后，污泥又将重新呈现活性，恢复它的吸附和氧化的能力。

为了增大活性污泥与粪水的接触面积，提高处理效果，活性污泥应具有颗粒松散，易于吸附氧化有机物的能力。但是经过曝气后，在澄清时，又希望活性污泥与水能迅速分离，因此，也要求活性污泥具有良好的凝聚、沉降性能。活性污泥的这些性能可用下面几项指标表示：

（1）污泥沉降比。污泥沉降比（SV）是指曝气池混合液沉淀30分钟后，沉淀污泥与混合液的体积比（以百分数表示）。因为活性污泥在沉淀30分钟后一般可接近它的最大密度。所以，以30分钟作为测定沉降比的标准时间。当活性污泥的凝聚、沉降性能良好时，污泥沉降比的大小可以反映曝气池正常运行时的污泥数量，因此，在处理过程中往往用它来控制剩余污泥的排放时间，即当污泥沉降比超过正常运行的范围时，就排放一部分污泥，以免曝气池由于污泥多，耗氧快而造成缺氧情况，影响处理效果。但有时污泥沉淀比大，是由于污泥的凝聚、沉降性能差，因此长期不能下沉，这时是曝气池的工作不正常的表现，就应该结合污泥指数等指标查明原因，采取措施。总之，因为污泥沉降比的测定比较简便，也可以说明一定的问题，因此，在分水处理过程中往往一天测数次，是控制活性污泥法运行的重要指标之一。养殖粪水处理中，污泥沉降比常在20%~50%。

（2）污泥浓度。污泥浓度指曝气池中单位体积混合液所含悬浮固体的质量（常以MLSS表示），单位用克/升或毫克/升。污泥浓度的大小间接地反映混合液中所含微生物的量。因此，为了保证曝气池的净化效率，必须在池内维持一定量的污泥浓度。一般来说，对于普通活性污泥法，曝气池内污泥浓度常控制在2~3克/升，对于完全混合和吸附再生法，则控制在2~3克/升之间。除采用MLSS外，也有采用混合液中挥发性悬浮固体（MLVSS）表示污泥浓度的，可以避免活性污泥中惰性物质的影响，更能反映活性污泥的活性。但是，在正常运行的条件下，对某类废水和处理系统，活性污泥中微生物所占悬浮固体量的比例是相对稳定的。因此，可认为用MLSS浓度的方法同用MLVSS浓度的方法具有同样的价值。

（3）污泥体积指数。污泥体积指数（SVI）简称污泥指数（SI），指曝气池混合液经30分钟沉淀后1克干污泥所占的体积（以毫升计）。

污泥指数可反映活性污泥的疏散程度和凝聚、沉降的性能。如污泥指数过低，说明泥粒细小紧密，无机物多，缺乏活性和吸附的能力。指数过高，说明污泥将要膨胀，或已经膨胀，污泥不易沉淀，这时污泥中的微生物可能主要是丝状细菌。

上述3个活性污泥性能指标是相互联系的。沉降比的测定比较容易，但所测得的结果受污泥量的限制，不能全面反映污泥性质，也可能受污泥性质的限制，不能正确反映污泥的数量。污泥浓度可以反映污泥数量。污泥指数则能较全面地反映污泥凝聚和沉降性能。

活性污泥法就是以活性污泥为主体的废水生物处理法。活性污泥法是目前处理有机粪水的主要方法，于1914年在英国建成试验厂以来，已有100年的历史。随着生产上的应用和不断改进，特别是近50年来，对其生物反应和净化机理进行广泛深入研究，活性污泥法得到了快速的发展，出现了多种改进型的工艺。

活性污泥法的形式有多种，但都有其共同的特征，其基本流程如图2-4-2所示。

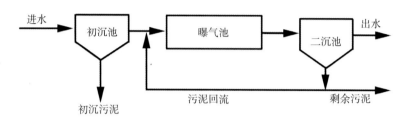

图 2-4-2　活性污泥法基本流程

活性污泥法的主要构筑物是初沉池、曝气池和二沉池。初沉池的主要作用是降低进水中悬浮物和有机物浓度，从而降低处理成本。在运行开始时，应先在曝气池内注满粪水，进行曝气，培养出活性污泥。经过适当预处理，满足生物处理水质要求的粪水不断引入曝气池，经过曝气池中活性污泥处理后的混合液不断排出，流至二次沉淀池进行泥水分离，部分沉淀下来的活性污泥回流入曝气池，继续分解氧化粪水中的有机物。在正常生产条件下，活性污泥（微生物）不断进行新陈代谢，由于合成作用的结果，活性污泥不断地增长。因此，曝气池中活性污泥的量愈积愈多。在启动开始运行时，活性污泥累积是必要的。但是，当活性污泥达到一定数量，能满足粪水处理的需要以后，多余的活性污泥必须排除，这部分排除的活性污泥常称作剩余污泥。活性污泥法属于好氧生物处理的方法，好氧微生物在氧化有机物时需要一定数量的氧，因此，必须在处理过程中提供充足的氧。供氧方式可通过鼓风机往水中鼓入空气或利用机械搅拌的作用使空气中的氧溶入水中。良好的活性污泥和充足的氧气是活性污泥法正常运行的必要条件。

虽然活性污泥法在畜禽粪便沼液处理方面有大量的应用，但是，因为存在以下问题，而导致活性污泥法处理畜禽场粪水的整体运行成本较高。第一，若采用活性污泥法直接处理原水，需要消耗大量能源为异养微生物和硝化细菌提供氧气；第二，活性污泥法仅能将氨氮转化为硝态氮却无法实现总氮的去除，出水 TN 可达 440 毫克/升左右；第三，由于反硝化产气，二沉池污泥易上浮，出水水质悬浮物浓度高；第四，由于直接处理原水耗氧能耗高，硝化过程需要加碱调 pH 值以及出水需要加药剂絮凝去除悬浮物等。

活性污泥法的优点：

① 工艺相对成熟、积累运行经验多、运行稳定；

② 有机物去除效率高，BOD_5 的去除率通常为 90%~95%；

③ 适用于处理进水水质比较稳定而处理程度要求高的大型城市污水处理厂。

活性污泥法的缺点：

① 对冲击负荷适应能力差；

② 易发生污泥膨胀；

③ 处理构筑物占地面积大；

④ 曝气池容积大，基建投资大；

⑤ 电耗大，运行费用高；

⑥ 脱氮除磷效率低，通常只有 10%~30%。

2. A/O 工艺

A/O 是英文 Anoxic/Oxic 首字母缩写，称为缺氧、好氧生物处理法，是将厌氧段与好氧段串联在一起，厌氧在前，好氧段在后。该工艺是 20 世纪 70 年代末开发的废水处理新工艺技术，不仅能去除废水中的有机物污染物，而且能有效的去除废水中的含氮化合物。缺氧段（A 段）的溶解氧（DO）不大于 0.2 毫克/升，异养微生物将废水中的碳水化合物、脂肪、蛋白质等悬浮污染物和可溶性有机物水解为有机酸，使大分子有机物分解为小分子有机物，不溶性的有机物转化成可溶性有机物，提高污水的可生化性；同时，异养微生物分解蛋白质、核酸、嘌呤等含氮有机物过程中也产生氨（NH_3、NH_4^+）。缺氧段的另一个重要作用是异养菌的反硝化作用将 NO_3^-、NO_2^- 还原为分子态氮（N_2），实现彻底脱氮。好氧段（O 段）溶解氧（DO）2~4 毫克/升。一方面，异养微生物将污水中的有机物分解为二氧化碳和水；另一方面，自养菌的硝化作用将 NH_3-N（NH_4^+）氧化为 NO_2^-、NO_3^-。通过混合液回流，好氧段（O 段）段含有 NO_2^-、NO_3^- 的硝化液返回至缺氧段（A 段）（内循环），进行反硝化作用。同时，也需要将二沉池污泥回流至缺氧段（A 段），保证处理系统微生物量（图 2-4-3）。

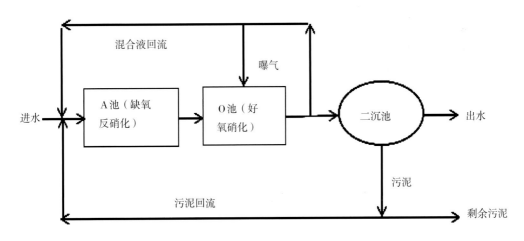

图 2-4-3 工艺基本流程

硝化细菌繁殖较慢，只有当曝气时间较长、曝气池泥龄较长时，才会有利于硝化细菌的积累，进行硝化作用。泥龄一般要超过 10 天，污泥有机负荷应小于 0.18 千克 BOD_5/（千克 MLSS·天），污泥氮负荷率应在 0.05 克 TKN/（克 MLSS·天）之下（TKN—凯式氮，指水中氨氮与有机氮之和）。

硝化细菌是一种自养菌，为抑制生长速率高的异养菌，使好氧段（O 段）内硝化细菌

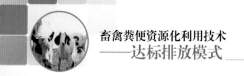
占优势，要设法保证 A 段内有机物浓度不能过高。

硝化过程消耗水中的碱度，进水废水碱度不足或呈酸性，会造成硝化效率下降，出水氨氮含量升高。一般硝化段的 pH 值应大于 6.5，二沉池出水碱度应大于 20 毫克 / 升，否则应在硝化段适当投加石灰等药剂调整 pH 值。硝化 1 克氨氮，要消耗 7.14 克碱度，即要投加 5.4 克以上的熟石灰，才能维持混合液的碱度。

反硝化阶段需要易降解有机物，当污水中氨氮含量较高，易降解有机物较低时，需要外加碳源实现脱氮。一般 BOD_5/TN 的比值应维持在 5~7，低于该值时，就需要另加碳源。外加碳源多采用甲醇，每反硝化 1 克硝态氮，约需消耗 2 克甲醇。

A/O 法脱氮工艺的优点：

① A/O 系统可以去除污水中的有机物和氨氮，适用于处理氨氮和有机物含量均较高的废水；

② 流程简单，建设和运行费用较低；

③ 反硝化在前，硝化在后，设内循环，以原废水中的有机底物作为碳源，反硝化反应比较充分；

④ 曝气池在后，使反硝化有机物得以进一步去除，提高了处理水水质；

⑤ 反硝化过程以 NO_2^-、NO_3^- 为电子受体氧化有机物，可减少需氧量。

A/O 脱氮工艺的缺点：

① 脱氮效率受内循环比影响，内循环比越大，脱氮效率越高，能耗较高。另外，内循环液来自曝气池，含有一定的溶解氧（DO），使缺氧（A 段）难以保持理想的缺氧状态，影响反硝化效果，脱氮率很难达到 90%；

② 除磷效率不高，往往需要增加化学除磷单元。

3. SBR 工艺

SBR 是序批式活性污泥法（Sequencing Batch Reactor Activated Sludge Process）英文首字母缩写，最初由英国学者 Ardern 和 Lockett 于 1914 年提出，由于当时的曝气器易堵塞，自动控制水平低，运行操作管理复杂等原因，很快就被连续式活性污泥法取代。20 世纪 70 年代，随着各种新型曝气器、浮动式出水堰（滗水器）和在线监控等设备的开发，特别是计算机和工业自控技术的不断完善，使得废水处理过程自动控制成为可能，SBR 工艺以其独特的优点又受到了重新关注，并得到了迅速发展和广泛应用。

SBR 属于活性污泥法的一种，其去除污染物的机理与传统的活性污泥法基本相同，只是运行方式不一样。传统活性污泥法采用连续方式运行，废水连续进入处理系统并连续排出，系统中每一单元的功能不变，废水依次流过各单元，从而完成处理过程。SBR 工艺采用间歇方式运行，废水间歇进入处理系统并间歇排出，废水进入该单元后按顺序进行不同的处理，处理单元在不同时间发挥不同作用，完成总的处理后被排出。典型的 SBR 系统分为进水、曝气、沉淀、排水与闲置 5 个阶段运行。反应池（处理单元）在一定时间间隔内充满污水，曝气一段时间，混合液进行沉淀，借助专用的排水设备（滗水器）排出上清液，沉淀的活性污泥则留于池内，再次与进水混合后净化处理，依次反复运行。SBR 工艺的核心是 SBR 反应池，集均化、初沉、生物降解、二沉等功能于一池，无需污泥回流系统。采用间隙曝气，反应池处于好氧、缺氧、厌氧交替状态，具有脱氮除磷功能（图2-4-4）。

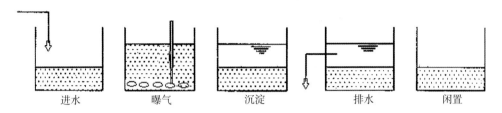

| 进水 | 曝气 | 沉淀 | 排水 | 闲置 |

图2-4-4　SBR法的典型运行程序

SBR系统主要包括以下设施设备：

（1）反应池。反应池的形式为完全混合型，形状以矩形为主，池宽与池长之比大约为1∶1~1∶2，水深4~6米。考虑风机连续运行以及清洗和检修等情况，反应池的数量宜2个及以上为宜，在规模较小或投产初期污水量较小时，也可建1个反应池。

（2）排水装置。排水系统是SBR处理工艺的核心设备，是关系系统运行成败的关键部分。理想的排水装置应满足以下几个条件。

①单位时间内出水量大，流速小，不会使沉淀污泥重新翻起；

②集水口随水位下降，排水期间始终保持反应当中的静止沉淀状态；

③排水设备坚固耐用且排水量可无级调控，自动化程度高。

目前，国内外报道的SBR排水装置大致可归纳为以下几种。

①潜水泵单点或多点排水，电耗较大，容易吸出沉淀污泥；

②池端（侧）多点固定阀门排水，由上自下开启阀门。缺点是操作不方便，排水容易带泥；

③专用设备滗水器，能随水位变化而调节出水堰，排水口淹没在水面下一定深度，可防止浮渣进入。

由于SBR工艺在去除有机污染物的同时，又能脱氮除磷，在猪粪水的处理中，得到了比较广泛的应用。

（3）SBR工艺的优点。

①时间上的推流过程，生化反应推动力大，净化效率高；

②理想的静态沉淀，沉淀效率高，时间短，出水水质好；

③耐冲击负荷，池内滞留数倍进水的处理水，对进水具有稀释、缓冲作用，能有效抵抗水量和有机污物的冲击；

④运行灵活，各处理工序可根据水质、水量进行调整；

⑤处理设备少，构造简单，便于操作和维护管理；

⑥反应池内存在DO、BOD_5浓度梯度，可有效控制活性污泥膨胀；

⑦脱氮除磷效果好，通过控制运行方式，可实现好氧、缺氧、厌氧状态交替，具有良好的脱氮除磷效果；

⑧ 基建费用低，主体设备只有一个序批式间歇反应器，无二沉池、污泥回流系统，初沉池也可省略；

⑨ 占地面积省，处理设施少，布置紧凑，无需占用大量土地。

（4）SBR 工艺的缺点。

① 反应器容积利用率低，SBR 反应器水位不恒定，有效容积需要按照最高水位设计，运行时，大多数时间，水位均达不到最高水位；

② 运行工序变化频繁，对自动控制要求高，需要配套自动化控制系统及相应仪表设备；

③ 不连续出水，要求后续物化处理设施的容积较大，串联其他连续处理工艺较为困难；

④ 设备利用率较低，进水排水设备都只能间歇运行。

4. 膜生物反应器（MBR）

膜生物反应器（MBR）是一种由膜分离单元与生物处理单元相结合的新型废水处理技术，以膜组件取代二沉池，使生物反应器中保持高浓度活性污泥，MLSS 浓度可达 10 000 毫克/升以上，可减少生物好氧处理池的体积，进而减少污水处理设施占地。微生物拦截在池内，污泥停留时间长，在微生物自解下污泥量减少 1/2 以上，剩余污泥量大大低于传统活性污泥法、排泥周期长、操作弹性大。在膜过滤下，分离效果远优于传统沉淀池及砂滤等处理单元，出水水质良好稳定，悬浮物和浊度低。低污染的市政废水经过处理后，可直接作为中水道用水或现场资源回收水使用。较大的水力循环导致了污水的均匀混合，因而使活性污泥有很好的分散性，大大提高活性污泥的比表面积，MBR 系统中活性污泥的高度分散是提高水处理效果的又一个原因。

膜生物反应器的材料分为有机膜和无机膜两种。目前普遍采用有机膜，常用的膜材料为聚乙烯、聚丙烯等。分离式膜生物反应器通常采用超滤膜组件，截留分子量一般在 2 万~30 万。膜生物反应器截留分子量越大，初始膜通量越大，但长期运行膜通量未必越大。

按照膜组件的放置方式可分为：分体式和一体式膜生物反应器。

分体式膜生物反应器将生物反应器与膜组件分开放置，膜生物反应器的混合液经增压后进入膜组件，在压力作用下混合液中的液体透过膜得到系统出水，活性污泥则被截留，并随浓缩液回流到生物反应器内。

一体式系统则直接将膜组件置于反应器内，通过的抽吸得到过滤液，膜表面清洗所需的错流由空气搅动产生，设置在膜的正下方，混合液随气流向上流动，在膜表面产生剪切力，以减少膜的污染。一体式膜生物反应器工艺是污水生物处理技术与膜分离技术的有机结合（图 2-4-5）。

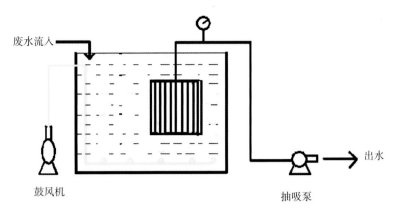

废水流入

鼓风机

出水

抽吸泵

图 2-4-5　膜生物反应器示意

MBR 的优点：

① 对污染物的去除率高，抗污泥膨胀能力强，出水水质稳定可靠，出水中悬浮物非常低；

② 处理效率高，膜生物反应器实现了反应器内污泥停留时间和水力停留时间的分离，反应器污泥浓度高，容积负荷提高，并且简化了设计和运行操作；

③ 抗冲击负荷能力强，膜的机械截留作用避免了微生物的流失，生物反应器内可保持高的污泥浓度，从而能提高体积负荷，降低污泥负荷，具有极强的抗冲击能力；

④ 污泥量少，由于污泥停留时间很长，生物反应器又起到了污泥稳定的作用，从而显著减少污泥产量，剩余污泥产量低，污泥处理费用低；

⑤ 由于膜的截流作用，有利于增殖缓慢的微生物。如硝化细菌生长的环境，可以提高系统的硝化能力，同时有利于提高难降解大分子有机物的处理效率和促使其彻底的分解；

⑥ 膜生物反应器可一体化设计与制作，易于实现自动控制，操作管理方便；

⑦ MBR 工艺省略了二沉池，减少占地面积；

⑧ MBR 微滤膜可拦除大部分细菌等微生物，减少消毒药剂添加量；

⑨ 可作封闭式设计，低公害，低噪声，低臭味。

MBR 的缺点：

① 投资高，主要因为膜的价格高，MBR 比传统活性污泥法投资高 20%~35%；

② MBR 膜需要定期清洗，操作烦琐；

③ 容易产生膜污染，混合液中的悬浮污染物、溶解性有机物、微生物在膜表面的沉积以及活性污泥中的纤维、杂物等折叠缠绕都会不同程度上降低膜的通透性，从而造成更换周期短、运行维护成本高；

④ MBR 电耗高，是传统活性污泥法的 2~3 倍。

5. 生物接触氧化法

生物接触氧化法，又称接触曝气法，是从生物膜法派生出来的一种废水生物处理法。19 世纪末，德国开始把生物接触氧化法用于废水处理，但限于当时的工业水平，没有适

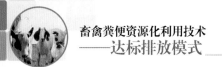

当的填料，未能广泛应用。到 20 世纪 70 年代合成塑料工业迅速发展，轻质蜂窝状填料问世，日本、美国等开始研究和应用生物接触氧化法。中国在 70 年代中期开始研究用此法处理城市污水和工业废水，并已在生产中应用。

生物接触氧化池是在曝气池内设置一定数量的填料，填料浸没于水中，采用鼓风机或射流曝气器在填料底部曝气充氧，废水以一定速度流经填料，使填料上长满生物膜，废水与生物膜相接触，利用附着在填料上的生物膜，将废水中的有机物氧化分解，使废水得到净化。生物接触氧化法是一种介于活性污泥法和生物过滤法（生物滤池）之间的处理方法。它兼具这两种处理法的优点，因此广泛受到重视。

接触氧化池有两种类型：分流式和直流式。分流式的曝气装置在池的一侧，填料装在另一侧，依靠泵或空气的提升作用，使水流在填料层内循环，给填料上的生物膜供氧。分流式的优点是废水在隔间充氧，氧的供应充分，对生物膜生长有利。分流式缺点是氧的利用率较低，动力消耗较大；因为水力冲刷作用较小，老化的生物膜不易脱落，新陈代谢周期较长，生物膜活性较小；同时还会因生物膜不易脱落而引起填料堵塞。直流式是在接触氧化池填料底部直接鼓风曝气。生物膜直接受到上升气流的强烈扰动，更新较快，保持较高的活性；同时在进水负荷稳定的情况下，生物膜能维持一定的厚度，不易发生堵塞现象。目前国内多采用直流式装置（图 2-4-6）。

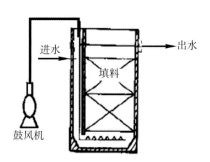

图 2-4-6　直流式接触氧化池示意

选用适当的填料以增加生物膜与废水的接触表面积是提高生物膜净化废水能力的重要措施。填料要质量轻，强度好，抗氧化腐蚀性强，不带来新的毒害。采用较多的填料有玻璃布、塑料等，也可采用绳索、合成纤维、沸石、焦炭等作填料。填料型式有蜂窝状、网状、斜波纹板等，如图 2-4-7 所示。以前主要采用蜂窝状填料，目前常用的填料为立体弹性填料，比表面积 300 米 / 立方米，填料长度 1~2.5 米，直径 120~150 毫米。立体弹性填料与硬性类蜂窝填料相比，孔隙可变性大，不堵塞；与软性类填料相比，材质寿命长，不粘连结团；与半软性填料相比，表面积大、挂膜迅速、造价低廉。

蜂窝填料

弹性填料

空心球填料

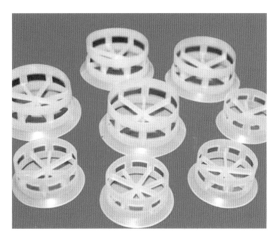

阶梯环填料

图 2-4-7 接触氧化法常用填料

接触氧化池之前需要设置初次沉淀池，之后设置二次沉淀池。为了提高处理效率，生物接触氧化法可采用两段或两级法。两段法的设施主要包括初次沉淀池、一级接触氧化池、中间沉淀池、二级接触氧化池和末端沉淀池。接触氧化法的生物膜上的生物量很丰富，除细菌外，球衣细菌等丝状菌也得以大量生长，并且还繁殖着多种种属的原生动物和后生动物。据实验资料，每平方米填料表面的生物量可达 100 克，折算成 MLSS 达 10 克/升以上。废水通过生物膜能够有效地得到处理。

生物膜主要用于低浓度生物废水处理，也有采用生物接触氧化法处理厌氧废水厌氧消化液（沼液），但是处理效果不太好。

设计参数：

① 生物接触氧化池的个数或分格数应不少于 2 个，并按同时工作设计；

② 填料的体积按填料容积负荷和平均日污水量计算。填料的容积负荷一般应通过试验确定。当无试验资料时，容积负荷一般采用 1 000~1 500 克 BOD_5/（立方米·天）；

③ 填料层总高度一般为 3 米。当采用蜂窝型填料时，一般应分层装填，每层高为 1 米，蜂窝孔径应不小于 25 毫米；

④ 进水 BOD_5 浓度应控制在 150~300 毫克 / 升的范围内；

⑤ 接触氧化池中的溶解氧含量一般应维持在 2.5~3.5 毫克 / 升；

⑥ 为保证布水布气均匀，每格氧化池面积一般应不大于 25 平方米。

生物接触氧化法的优点：

① 容积负荷高，处理时间短，节约占地面积；

② 微生物浓度高，耐冲击负荷能力强；

③ 污泥产量低，不需污泥回流；

④ 挂膜方便，可以间歇运行；

⑤ 不存在污泥膨胀问题。

生物接触氧化法的缺点：

① 仅适合低浓度污水；

② 生物膜只能自行脱落，剩余污泥不易排走，滞留在滤料之间易引起水质恶化，影响处理效果；

③ 当采用蜂窝填料时，如果负荷过高，则生物膜较厚，易堵塞填料；

④ 布气、布水不易均匀；

⑤ 大量产生后生动物（如轮虫类）。

（二）厌氧生物处理

废水厌氧生物处理，也称厌氧消化或沼气发酵，是在无分子氧的条件下，通过兼性厌氧微生物、厌氧微生物的作用，将废水中各种复杂有机物分解转化成甲烷和二氧化碳等物质的过程，其生化过程如图 2-4-8 所示。畜禽粪水有机物浓度高，并且碳、氮的比例适中，厌氧处理产气性能比较稳定。通常将畜禽粪便污染治理与可再生能源开发结合起来，因此，畜禽粪便厌氧处理工程常常是沼气工程。从 20 世纪 80 年代以来，我国已建成一大批畜禽粪便处理沼气工程，在发酵工艺、装置设计、设备配套和运行管理等方面都积累了较好的经验。

1.厌氧生物处理的影响因素

（1）温度。温度对厌氧微生物的影响尤为显著。厌氧微生物可分为嗜热菌（或高温菌）、嗜温菌（中温菌）；相应地，厌氧消化分为：高温消化（55℃左右）和中温消化（35℃左右）；高温消化的反应速率约为中温消化的 1.5~1.9 倍，产气率也较高，但气体中甲烷含量较低。当处理含有病原菌和寄生虫卵的废水时，高温消化可取得较好的卫生效果，消化后污泥的脱水性能也较好。随着新型厌氧反应器的开发研究和应用，温度对厌氧消化的影响不再非常重要（新型反应器能停留大量的微生物）。因此，可以在常温条件下

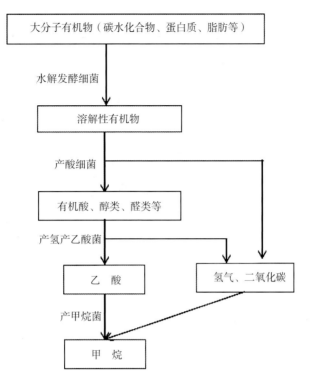

图 2-4-8　废水厌氧生物处理过程物质变化概要

（20~25℃）进行，以节省能量和运行费用。

（2）pH 值和碱度。pH 值是厌氧消化过程中重要的影响因素。产甲烷菌对 pH 值的变化非常敏感，一般认为，其最适 pH 值范围为 6.8~7.2，在 <6.5 或 >8.2 时，产甲烷菌会受到严重抑制，导致整个厌氧消化过程的恶化。厌氧体系中的 pH 值受多种因素的影响：进水 pH 值、进水水质（有机物浓度、有机物种类等）、生化反应、酸碱平衡、气—固—液相间的溶解平衡等。但是，厌氧体系也是一个 pH 值的缓冲体系，主要由碳酸盐体系所控制。一般来说，系统中脂肪酸含量的增加（累积），将消耗碱度，使 pH 值下降。但产甲烷菌的作用不但可以消耗脂肪酸，而且还会产生碱度，使系统的 pH 值回升。

碱度曾被认作厌氧消化的重要影响因素，其作用主要是保证厌氧体系具有一定的缓冲能力，维持合适的 pH 值。厌氧体系一旦发生酸化，则需要很长的时间才能恢复。

（3）氧化还原电位。严格的厌氧环境是产甲烷菌进行正常生理活动的基本条件。非产甲烷菌可以在氧化还原电位为 +100~ -100 毫伏的环境正常生长和活动。而产甲烷菌的最适氧化还原电位为 -150~ -400 毫伏，在培养产甲烷菌的初期，氧化还原电位不能高于 -330 毫伏。

（4）营养要求。厌氧微生物对 N、P 等营养物质的要求略低于好氧微生物，要求 COD：N：P = 200：5：1；多数厌氧菌不具有合成某些必要的维生素或氨基酸的功能，必要时需要投加 Ni、Co、Mo、Fe 等微量元素。

（5）F/M 比。厌氧生物处理的有机物负荷较好氧生物处理更高，一般可达 5~10 千克 COD/（立方米·天），甚至可达 50~80 千克 COD/（立方米·天）。无传氧的限制，可以积聚更高的生物量，但是产酸阶段的反应速率远高于产甲烷阶段。因此，必须十分谨慎地选择有机负荷。高的有机容积负荷的前提是高的生物量，低的有机容积负荷则是相应较低的污泥负荷。高的有机容积负荷可以缩短水力停留时间（HRT），减少反应器容积。

（6）有毒物质。常见的有毒物质有硫化物、氨氮、重金属、氰化物等有机物。

① 硫化物和硫酸盐：硫酸盐和其他含硫的氧化物很容易在厌氧消化过程中被还原成硫化物。可溶的硫化物达到一定浓度时，会对厌氧消化过程，主要是产甲烷过程产生抑制作用。投加某些金属如 Fe 可以去除 S^{2-}，或从系统中吹脱 H_2S，减轻硫化物的抑制作用。

② 氨氮：氨氮是厌氧消化的缓冲剂，但浓度过高，会对厌氧消化过程产生毒害作用。非离子氨的抑制浓度为 50~200 毫克／升，但驯化后，适应能力会得到加强。

③ 重金属：微量的重金属对厌氧微生物的生长可起到刺激作用。当其过量时，重金属能使厌氧消化过程失效，表现为产气量下降和挥发酸积累，主要原因是，重金属离子可与菌体细胞结合，引起细胞蛋白质变性并产生沉淀。

④ 氰化物：氰化物对厌氧消化的抑制作用决定于其浓度和接触时间，如浓度小于 10 毫克／升，接触时间小于 1 小时，抑制作用不明显，但浓度如增高到 100 毫克／升，气体产量就会明显降低。

⑤ 有毒有机物：一部分合成有机物对厌氧微生物有毒害作用，其作用大小也与浓度有关，如 CH_2Cl_2、$CHCl_3$ 和 CCl_4 等，浓度在 1 毫克／千克左右则具有较强的抑制作用。

厌氧生物处理与好氧生物处理工艺相比，具有以下优点：

① 能耗低，而且还能产生能源—甲烷，好氧生物处理过程曝气需要消耗较多能量；

② 容积负荷较高，因此所需的处理装置容积小、占地少；

③ 采用密闭发酵，基本无臭味；

④ 较长的固体滞留期和中、高温发酵对病原微生物和寄生虫卵的杀灭效果好；

⑤ 产生的污泥量小，节省污泥处理费用。

但是，厌氧生物处理法也存在下列缺点：

① 启动时间长，由于厌氧微生物增殖缓慢，达到设计处理能力的时间比较长；

② 处理后的出水中有机物浓度仍较高，不能达到排放标准，并且对氮、磷去除效果差，往往需进一步后处理；

③ 对温度、pH 值等环境因素更为敏感，温度降至 10 ℃以下，厌氧微生物活性非常低，厌氧处理效果差。

废水厌氧生物处理（沼气发酵）工艺按微生物的凝聚形态可分为厌氧活性污泥法和厌氧生物膜法。厌氧活性污泥法包括传统消化池如水压式沼气池、完全混合式厌氧反应器（CSTR）、厌氧接触工艺（AC）、厌氧挡板反应器（ABR）、升流式厌氧污泥床（UASB）等；厌氧生物膜法包括厌氧生物滤池（AF）、厌氧流化床（AFBR）和厌氧生物转盘等。厌氧复合反应器（UBF）则属于厌氧活性污泥法和厌氧生物膜法的杂合工艺。

2.水压式沼气池

水压式沼气池是我国推广最早、数量最多的沼气池。整个沼气池建于猪、牛舍地面或其附近地面以下。水压式沼气池由进料管、发酵间、贮气间、水压间、出料口、导气管等组成。畜禽粪便通过进料管流入发酵间中下部，发酵间为圆柱形、池底大多为平底，也有池底向中心或出料口倾斜的锥底或斜底。未产沼气或发酵间与大气相通时，进料管、发酵间、水压间的料液在同一水平面上。发酵间上部贮气间完全封闭后，微生物发酵粪便产生的沼气上升到贮气间，随着沼气的积聚，沼气压力不断增加，当贮气间沼气压力超过大气压力时，便将发酵间内的料液压往进料管和水压间，发酵间液位下降，进料管和水压间上升，产生了液位差，由于液位差而使贮气间内的沼气保持一定的压力。用气时，沼气从导气管排出，进料管和水压间的料液流回发酵间，这时，进料管和水压间液位下降，发酵间液位上升，液位差减少，相应地沼气压力变小。产气太少时，如果发酵间产生的沼气小于用气需要，则发酵间液位将逐渐与进料管和水压间液位持平，最后压差消失，沼气停止输出。总结起来就是：产气时，气压水；用气时，水压气。水压式沼气池的沼气压力随着进料管、水压间与发酵间液位差的变化而变化。因此，用气时压力不稳定。水压式沼气池示意图见图2-4-9。

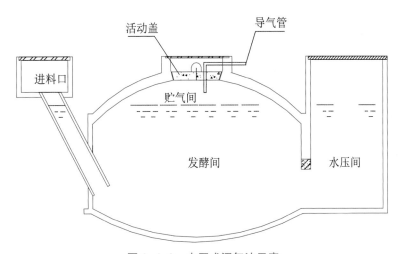

图 2-4-9　水压式沼气池示意

水压式沼气池适合散养户以及小规模养猪场的粪水处理，单个沼气池的容积不宜超过300立方米。设计沼气池内正常气压 ≤ 8 000 帕，采用浮罩贮气时，可选 ≤ 4 000 帕。为了满足灶前压力，沼气池压力应 ≥ 2 000 帕。经多年试验和生产验证，当满足发酵工艺要求和正常使用管理的条件下，每立方米池容平均日产气量在 0.15~ 0.30 立方米，一般取 0.2 立方米 /（立方米·天）。

水压式沼气池的优点：

① 省工省料，建造成本比较低；

② 建于地下，自流进出料，不用动力；

③ 管理简单，操作方便；

④ 沼气池建于地下，具有保温作用；

⑤ 结构简单，不易堵塞。

水压式沼气池的缺点：

① 没有搅拌装置，容易产生分层，液面上形成很厚的浮渣层，进一步板结结壳，妨碍气体顺利逸出，池底部积累沉渣，很难及时排出，占据沼气池有效容积，降低沼气池效率；

② 微生物与料液中有机物接触不充分，沼气池中间的清液含有较高的溶解态有机污染物，但是难以与底层的厌氧活性污泥接触，因此，处理效果较差；

③ 微生物容易流失，沼气池发酵间不能滞留足够数量的微生物，特别产甲烷细菌；

④ 沼气气压不稳定，反复变化，对池体强度和灯具、灶具燃烧效率的稳定与提高都有不利影响；

⑤ 效率低，负荷只有 0.15~1.0 千克 TS/（立方米·天），容积产气率只有 0.05 ~ 0.3 立方米/（立方米·天）。

水压式沼气池属于传统消化池，是一种低效率的沼气发酵装置，称为低速消化池。污染物要得到比较完全的降解，必须要有较长的水力停留时间，一般 60~100 天，因此，装置容积大。除以上几方面缺陷外，传统消化池一般没有人工加热设施，这是导致沼气池效率低下的又一重要原因。

3. 覆膜式厌氧塘

覆膜式厌氧塘也称为黑膜沼气池，就是将厌氧塘用不透气的高分子膜材料密封，下部装水部分敷设防渗材料，池深 5~8 米。粪便从厌氧塘一端进入，另一端排出，可以采用多点进料、多点出料（图 2-4-10）。整个系统在常温下运行，降解速度随季节、温度变化而变化，冬季反应温度低；固态物质容易下沉，只能在底部污泥床进行分解；没有搅拌装置，有机物与微生物接触少；污泥容易随出水排出，污泥浓度低。因而有机物的转化速率低，产气率低。整个塘的利用效率低，占地大。覆膜式氧化塘主要用于处理浓度比较低的养殖场冲洗污水，进入系统之前需要进行固液分离，尽量去除固态物质，产气潜力高的物质相应去除，总的产气量不高。

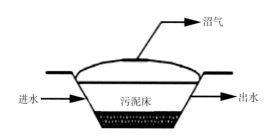

图 2-4-10　覆膜式氧化塘示意

覆膜式氧化塘的优点：

① 造价低，建造 1 立方米的覆膜式氧化塘造价在 50~60 元，但总造价不低。

② 能利用地热，保温效果好。

覆膜式氧化塘的缺点：

① 沼气产量低、出水水质较差；

② 出渣困难，塘的清理费用比较高；

③ 存在底部膜破损污染地下水的风险。

4. 完全混合式厌氧反应器（CSTR）

完全混合式厌氧反应器于 20 世纪 50 年代发展起来，是在传统消化池内采用搅拌和加热保温技术，使反应器生化降解速率大大提高。完全混合式厌氧反应器也被称为高速厌氧消化池。

在完全混合式厌氧反应器系统，畜禽粪便定期或连续加入厌氧消化反应器，经过消化后的沼渣和沼液分别由底部和上部排出，所产的沼气则从顶部排出（图 2-4-11）。为了使细菌和粪便原料均匀接触，使所产的气泡及时逸出，设有搅拌装置，必须定期搅拌反应器内的消化液，一般情况下，每隔 2~4 小时搅拌一次。在排放沼液时，通常停止搅拌，待沉淀分离后从上部排出上清沼液。如果进行中温和高温发酵时，常需对发酵料液进行加热。一般在反应器内设置加热盘管，通过热水在盘管内循环进行加热。完全混合式厌氧反应器适合没有经过固液分离的、高悬浮物、高有机物浓度畜禽养殖粪便的处理。

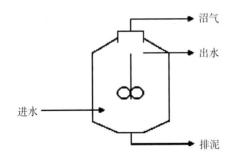

图 2-4-11　完全混合式厌氧反应器示意

厌氧消化反应器的搅拌一般有以下 3 种方式：

（1）水力搅拌。水力搅拌是通过设在反应器外的水泵将料液从反应器底部抽出，再从反应器上部泵入，进行循环搅拌。有时还在一些反应器内设有射流器，由水泵压送的混合物经射流器喷射，在喉管处造成真空，吸进一部分反应器中的消化料液，形成较为强烈的搅拌。水力搅拌使用的设备简单、维修方便，比较适合进料浓度比较低的反应器。缺点是容易引起短流，搅拌效果较差，一般仅用于小型厌氧消化反应器。为了使料液完全混合，需要较大的流量。根据经验，每立方米的消化料液搅拌所需的功率为 0.005 千瓦。

（2）机械搅拌。通过设在反应器内的叶轮或桨叶进行搅拌，当电机带动螺旋桨旋转时，带动桨叶周围的料液运动。有时设有导流筒，桨叶旋转推动导流筒内料液垂直移动，并带动反应器内料液循环流动。机械搅拌的优点是作用半径大，搅拌效果好。缺点是通过池盖时要有气密性设施。每立方米的消化料液搅拌所需的功率为 0.006 5 千瓦。

（3）沼气搅拌。沼气搅拌是将沼气从反应器内或储气柜内抽出，通过鼓风机将沼气再压回反应器内，当其从反应器中料液内释放时，由其升腾作用造成的抽吸卷带作用带动反应器内料液循环流动。沼气搅拌的主要优点是反应器内液位变化对搅拌功能的影响很小；反应器内无活动的设备零件，故障少；搅拌力大，作用范围广。但是，在进料浓度较高的条件下，沼气搅拌难以达到良好的混合效果，在高固体浓度物料厌氧消化中难以采用。由于需要防爆风机以及阻火器、过滤器、安全阀等复杂的安全设施，沼气搅拌在畜禽养殖粪便处理工程中几乎没有采用。每立方米的消化料液所需搅拌功率为 0.005~0.008 千瓦。

目前，国内外处理高浓度畜禽粪便（TS ≥ 6%）时，普遍采用完全混合式厌氧反应器，采用搅拌主要是机械搅拌、水力搅拌，也有部分粪污处理工程采用机械搅拌 + 水力搅拌，在发酵温度 25 ℃以上，容积产气率可达 0.60~1.50 立方米 /（立方米·天），COD去除率 50%~80%。

完全混合式厌氧反应器的优点：

① 设有搅拌系统，可使料液和沼气微生物充分混合，提高发酵生化反应速率。同时，搅拌也避免了进料未经发酵产气就直接排出；

② 厌氧处理装置立于地面，容易排出污泥（沼渣）；

③ 设有加热保温装置，通过加热和保温的协同作用提升发酵温度，可以改进厌氧处理效率；

④ 较能抗冲击负荷，由于设有搅拌系统，进料很快与反应器中料液混合、稀释。

完全混合式厌氧反应器的缺点：

① 不能滞留微生物，完全混合式厌氧反应器具有完全混合的流态，反应器内繁殖起来的微生物会随沼液溢流而排出。因此，反应器中的污泥浓度低，只有 5 克 MLSS/ 升左右；

② 负荷较低，在短水力停留时间和低浓度投料的情况下，则会出现严重的污泥流失问题，所以，完全混合式厌氧反应器必须要求较长水力停留时间（HRT）来维持反应器的稳定运行，一般 HRT 为 15~30 天；

③ 能量消耗多，由于停留时间长，用于加热和搅拌所需的能量较多。

5. 厌氧接触工艺（AC）

为了克服完全混合式厌氧反应器不能滞留厌氧微生物的缺点，在消化反应器后设沉淀池，再将沉淀污泥回流到消化反应器中，这样就形成了厌氧接触氧化工艺（图2-4-12）。厌氧接触工艺通过污泥回流提高了消化反应器内微生物浓度，从而可提高厌氧反应器的有机容积负荷和处理效率，缩短粪便在消化反应器内的水力停留时间，可减少装置容积，通过出水沉淀，也提高了出水水质。厌氧接触工艺适合中等浓度高悬浮物和有机物的畜禽养殖粪便的处理。常温条件下，采用厌氧接触工艺处理猪场废水，进水 COD 5 000~8 000 毫克 / 升，出水 COD 1 000~2 000 毫克 / 升，COD 去除率70%~80%，容积产气率可达 0.30~0.80 立方米 /（立方米·天）。

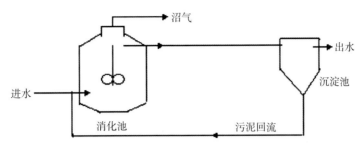

图 2-4-12　厌氧接触反应器示意图

厌氧接触工艺的优点：

① 通过污泥回流，增加了消化池污泥浓度，其挥发性悬浮物（VSS）可达 5~10 克 / 升，耐冲击能力较强；

② 容积负荷比完全混合式厌氧反应器高，其 COD 容积负荷一般为 1~5 千克 COD/（立方米·天），HRT 在 8~15 天，COD 去除率 70%~80%。

厌氧接触工艺的缺点：

① 增设沉淀池、污泥回流系统，流程较复杂；

② 厌氧污泥沉淀效果差，从消化反应器排出的混合液含有大量厌氧污泥。一方面，污泥的絮体吸附着微小的沼气泡。另一方面，在沉淀池中，厌氧污泥还会产生沼气。因此，污泥沉降效果差，有相当一部分污泥会上漂至水面，随水外流。

目前，主要采用搅拌、真空脱气、加混凝剂或者超滤膜代替沉淀池等方法，提高泥水分离效果。

6. 厌氧滤池（AF）

厌氧滤池是一种内部填充微生物载体（填料）的厌氧反应器（图 2-4-13）。一部分厌氧微生物附着生长在填料上，形成厌氧生物膜；一部分微生物在填料空隙空间呈悬浮状态。厌氧滤池内填充的填料一般为碎石、卵石、焦碳或各种形状的塑料制品。厌氧滤池底部设置布水装置，废水从底部通过布水装置进入装有填料的反应器，在附着于填料表面或被填料截留的大量微生物的作用下，将废水中的有机物降解转化成沼气（甲烷与二氧化碳），沼气从反应器顶部排出，被收集利用，净化后的厌氧出水（沼液）通过排水管道排至反应器外。反应器中的生物膜不断新陈代谢，脱落的生物膜随出水带出。因此，厌氧滤池后需设置沉淀分离装置。

根据不同的进水方式，厌氧滤池可分为上流式和下流式。在上流式厌氧滤池系统中，废水从底部进入，向上流动通过填料层，处理后厌氧出水从滤池顶部的旁侧流出。在降流式厌氧滤池系统中，布水装置设于池顶，废水从顶部均匀向下流动通过填料层直到底部，产生的沼气向上流动可起一定的搅拌作用，降流式厌氧滤池不需要复杂的配水系统，反应器不易堵塞，但污泥或固体物质沉积在滤池底部会给操作带来一定的困难。传统的厌氧生物滤池进水均采用上流方式。

以往的厌氧滤池，填料占滤池高度的 2/3。为了避免堵塞，在滤池底部和中部各保持一填料层，成为部分填充填料的 UASB—AF 反应器（UBF）。

厌氧滤池适合经过固液分离后的中低浓度畜禽粪水的处理。国外小试结果显示，厌氧滤池处理猪场粪便，进料 TS 浓度一般在 0.62%~1.89%，COD 去除率 34.5%~61.0%，35℃条件下容积产气率可达 0.90~2.80 立方米 /（立方米·天）。

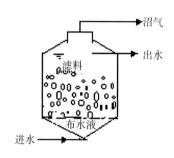

图 2-4-13　厌氧滤池示意

厌氧滤池的优点：

① 微生物固体停留时间长，一般超过 100 天，厌氧污泥浓度可达 10~20 克 VSS/ 升；

② 耐冲击负荷能力强；

③ 启动时间短，停止运行后再启动比较容易；

④ 有机负荷高，当水温为 25~35℃ 时，使用块状填料，容积负荷可达 3~6 千克 COD/（立方米·天），比普通消化池高 2~3 倍；使用塑料填料，负荷可提高至 5~10 千克 COD/（立方米·天）。一般情况下，COD 去除率可达 80% 以上。

厌氧滤池的缺点：

① 容易发生堵塞，特别是底部，当采用块状填料时，进水中 SS 含量一般不超过 200 毫克 / 升；

② 当厌氧滤池中污泥浓度过高时，易发生短流现象；

③ 使用大量填料，增加成本。

7. 上流式厌氧污泥床（UASB）

上流式厌氧污泥床（UASB）是一种在反应器中培养形成颗粒污泥，并在上部设置气、固、液三相分离器的厌氧生物处理反应器，结构如图 2-4-14 所示。反应器的底部具有浓度高、沉降性能良好的颗粒污泥，称污泥床。待处理的废水从反应器的下部进入污泥床，污泥中的微生物分解废水中的有机物，转化生成沼气。沼气以微小气泡形式不断放出，微小气泡在上升过程中，不断合并，逐渐形成较大的气泡，在进水以及反应器本身所产的沼气的搅动下，反应器中上部的污泥处于悬浮状态，形成一个浓度较稀薄的污泥悬浮层。气、固、液混合液进入三相分离器的沉淀区后，废水中的污泥发生絮凝，颗粒逐渐增大，在重力作用下沉降。沉淀至三相分离器斜壁上的污泥沿着斜壁滑回厌氧反应区内，使厌氧反应区积累起大量的污泥。分离出污泥后的处理水从沉淀区溢流，然后排出。在反应区内产生的沼气气泡上升，碰到三相分离器反射板时折向反射板的四周，然后穿过水层进入气室，集中在气室的沼气，用管道导出。上流式厌氧污泥床进料采取两项措施达到均匀布水，一是通过配水设备，二是采用脉冲进水，加大瞬时流量，使各孔眼的过水量较为均匀。

国内外有许多畜禽粪便处理工程采用上流式厌氧污泥床（UASB）处理畜禽养殖废水，进料 COD 浓度一般在 3 700~12 000 毫克 / 升，COD 去除率 55%~85%，25℃条件下容积产气率可达 0.6~0.8 立方米 /（立方米·天）。

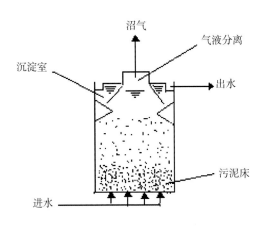

图 2-4-14　上流式污泥床示意

上流式厌氧污泥床的优点：

① 反应器内污泥浓度高，平均污泥浓度为 20~40 克 VSS/ 升；

② 有机负荷高，水力停留时间短，中温发酵容积负荷可达 10 千克 COD/（立方米·天）左右；

③ 反应器依靠进料和沼气的上升达到混合搅拌的作用，不需要搅拌设备；

④ 反应器的上部设置有一个气、液、固分离系统，沉淀的污泥可自动返回到厌氧反应区内，不需要污泥回流设备；

⑤ 反应器内不设填料，节约造价，可以避免因填料发生堵塞问题。

上流式厌氧污泥床的缺点：

① 进水中悬浮物不宜太高，一般控制在 1 000 毫克 / 升以下；

② 污泥床内有短流现象，影响处理能力；

③ 对水质和负荷突然变化比较敏感，耐冲击能力稍差。

上流式厌氧污泥床高效处理能力的核心在于反应器内形成沉降性能良好的颗粒污泥，高悬浮固体抑制颗粒污泥形成的密度。因此，上流式厌氧污泥床只适合经过固液分离后的畜禽养殖粪便的处理。由于高氨氮含量不利于颗粒污泥形成，所以，处理畜禽养殖粪水的上流式厌氧污泥床难以达到很高的处理负荷。

8. 厌氧挡板反应器（ABR）

厌氧挡板反应器是在垂直于水流方向设多块挡板将反应器分隔成串联的几个反应室，以维持反应器内较高的污泥浓度。进入厌氧挡板反应器的水流由导流板引导上下折流前进，逐个通过上向流室和下向流室的污泥床层，进水中的底物与微生物充分接触而得以降解去除。上向流室较宽，便于污泥聚集，下向流室较窄。通往上向流室的挡板下部边缘处加50°的导流板，便于将污水送至上向流室的中心，使泥水混合。上向流室都是一个相对独立的上流式污泥床（UASB）系统，其中的污泥可以是以颗粒化形式或以絮状形式存在。当进水浓度较高时，应进行出水回流。在构造上ABR可以看作是多个UASB反应器的简单串联，但工艺上与单个UASB有显著不同。UASB可近似地看作是一种完全混合式反应器，在ABR单个反应室内水力特性接近完全混合，从整体看，则更接近于推流式工艺（图2-4-15）。我国的科研及工程技术人员对厌氧挡板反应进行了改进，主要在上向流室设置填料滞留污泥，在最后一级或几级上向流室设置滤料防止微生物流失并改进出水水质，通常称为折流式厌氧反应器或污水净化沼气池。这类反应器适合经过固液分离的畜禽养殖粪便的处理。在环境温度（20~40℃）条件下，采用厌氧挡板反应器处理猪场废水，当COD浓度达到9 000~10 000毫克/升时，COD的容积负荷最高为6千克COD/（立方米·天），水力停留时间48小时左右，去除率在75%~85%，出水COD浓度在1 500~2 000毫克/升，原料产气率达0.33~0.45立方米/（千克COD），容积产气1.01~2.64立方米/（立方米·天）（方圣琼 & 张宏旺，2011）。

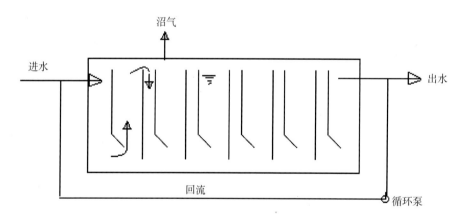

图2-4-15　厌氧挡板反应器示意

厌氧挡板反应器的优点：

① 结构简单，折流板的阻挡和污泥自身沉降，能截流大量污泥，不需三相分离器；

② 处理效率比较高，在中温条件下，COD容积负荷可达4~8千克COD/（立方米·天）；

③ 对冲击负荷以及进水中的有毒有害物质具有很好的缓冲适应能力；

④ 多次上下折流具有搅拌功能，水力条件好，不需混合搅拌装置；

⑤ 通常建于地下，利用高差进行进出料，不需动力；

⑥ 投资少、运行费用低；

⑦ 操作简单管理方便。

厌氧挡板反应器的缺点：

①较难保证进料均匀，容易造成局部（第一室）负荷过载；

②建于地下，排泥困难。

9. 厌氧复合反应器（UBF）

厌氧复合反应器是将厌氧生物滤池（AF）与升流式厌氧污泥反应器（UASB）组合形成的反应器，因此称为 UBF 反应器。厌氧复合反应器由布水器、污泥层和填料层构成。反应器上部装有填料，填充在反应器上部的 1/3 体积处，取消了三相分离器，减少了填料的厚度，在池底布水器与填料层之间留出一定空间，以便悬浮状态的絮状污泥和颗粒污泥在其中生长、积累。当废水从反应器的底部进入，顺序经过颗粒污泥层、絮体污泥层进行厌氧处理反应后，从污泥层出来的污水进入滤料层进一步处理，并进行气 – 液 – 固分离，处理水从溢流堰（管）排出，沼气从反应器顶部引出（图 2–4–16）。厌氧复合反应器适合经过固液分离后的猪场粪水的处理。

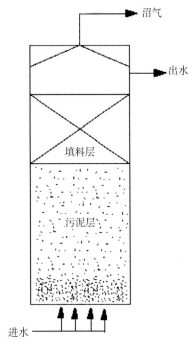

图 2–4–16 厌氧复合反应器示意

采用厌氧复合反应器处理猪场粪水小试，在 10℃条件下，进水 COD 9 570~11 300 毫克 / 升，出水 COD 836~2 540 毫克 / 升，HRT 5.5 天，容积负荷 1.77~2.09 克 COD/（升·天），COD 去除率 73.5%~91.4%，容积产气率 0.18~0.46 升 /（升·天）；在 15℃条件下，HRT 4.4 天，进水 COD 10 700~11 600 毫克 / 升，出水 COD 868~927 毫克 / 升，容积负荷 2.46~2.69 克 COD/（升·天），COD 去除率 91.3%~92.5%，容积产气率 0.43~0.71 升 /（升·天）；在 25℃条件下，HRT 2.2 天，进水 COD 11 900~12 700 毫克 / 升，出水 COD 1 010~1 290 毫克 / 升，容积负荷 5.51~5.88 克 COD/（升·天），COD 去除率 89.3%~91.7%，容积产气率 1.74~2.15 升 /（升·天）（徐洁泉等，1997）。

厌氧复合反应器具有以下优点：

① 对于不易（甚至不能）驯化出颗粒污泥的粪水，例如，含氮高的猪场粪水、含盐量高、有生物毒性污水，厌氧复合反应器更具竞争优势；

② 与上流式厌氧污泥床相比，增加填料层使得反应器积累微生物的能力大为增加，在启动运行期间，可有效截流污泥，降低污泥流失，快速启动；

③ 与厌氧滤池相比，减少了填料层厚度，减少了堵塞的可能性；

④ 运行稳定，对容积负荷、温度、pH 值的波动有较好的承受能力。

10. 升流式固体床反应器（USR）

升流式固体厌氧反应器（USR）是参照上流式厌氧污泥床（UASB）原理开发的一种结构简单、适用于高悬浮固体的有机废水处理的反应器。如图 2–4–17 所示，料液从反应器底部进入，进料通过布水均匀分布在反应器的底部，然后向上通过含有高浓度厌氧微生物的固体床，料液中的有机物与厌氧微生物充分接触反应，有机物降解转化，生成的沼气上升连同水流上升具有搅拌混合作用，促进了固体与微生物的接触。未降解的有机物固体颗粒和微生物靠自然沉降，积累在固体床下部，使反应器内保持较高的生物量，并延长固体的降解时间。通过固体床的水流从反应器上部的出水渠溢流排出。在出水渠前设置挡渣板，可减少悬浮物的流失。在我国畜禽养殖行业粪便资源化利用方面，有较多的应用。在35℃条件下，采用升流式固体反应器（USR）处理鸡粪废水，进水 COD 41 900~61 500 毫克/升，SS 45 000~55 000 毫克/升，SCOD 7 200 毫克/升，总挥发酸浓度 3 174 毫克/升，反应器负荷达到 10.45 克/（升·天），容积产气率为 4.88 升/（升·天），COD 去除率 86.62%，SS 去除率 66.16%（周孟津等，1996）。另外也有 USR 反应器处理猪、牛粪废水实验表明，温度保持在中温 38℃情况下，容积产气率分别可达到 2.5 立方米/（立方米·天）和 1.44 立方米/（立方米·天）左右（汪国刚等，2009；焦德富等，2013）。

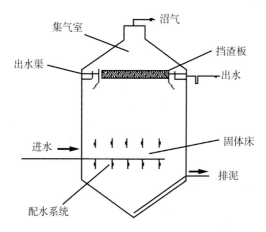

图 2-4-17　升流式固体厌氧反应器示意

升流式固体厌氧反应器的优点：

① 可处理固形物含量高的废水（液），悬浮物可达 5% 左右；

② 原料预处理简单，不需要进行固液分离前处理；

③ 不需要三相分离器，也不需要污泥回流；

④ 不需要搅拌。

升流式固体厌氧反应器的缺点：

① 只适用于 TS ≤ 6% 的畜禽粪便，提高进料高悬浮物浓度易出现布水管堵塞等问题；

② 没有搅拌，容易形成浮渣，易于结壳，也容易形成沉渣。

（三）厌氧—好氧组合处理

厌氧生物处理工艺能直接处理高浓度有机废水，有机负荷高，污泥量产量低，耗能低，运行成本低，但是该处理出水有机物浓度高，氮磷去除效果差，不能达到排放标准。

好氧生物处理工艺对污染物稳定化程度高，出水有机物浓度低，氮磷去除效果较好，有可能达到排放标准，但是处理高浓度有机废水时，曝气池容积大，投资高，能耗高、运行费用高。从厌氧、好氧生物处理的特点看，两者正好互补，可以取长补短。因此，将厌氧、好氧生物处理工艺组合，可以发挥各自优势，克服各自缺点。简单地说，厌氧—好氧组合处理工艺是厌氧生物处理工艺在前，好氧生物处理工艺紧跟其后。首先，在厌氧段，通过密封措施维持反应器厌氧条件，利用厌氧微生物、兼性厌氧微生物分解有机污染物，去除绝大部分有机物并产生沼气；然后，在好氧处理段，通过向反应器（曝气池）充氧维持好氧条件（或间歇好氧条件），利用好氧微生物进一步分解有机污染物，进行硝化反硝化作用脱氮，以及释磷吸磷作用除磷。采用该组合可以充分利用厌氧、兼性厌氧、好氧微生物的代谢活动分解废水中的有机污染物，将有机物、氮和磷等作为微生物的营养被微生物利用，最终分解为稳定的无机物或合成细胞物质而作为污泥由水中分离，从而使废水得到净化。厌氧－好氧组合处理工艺是去除工业废水有机物非常有效的方法，在高浓度有机废水，如淀粉废水、酿酒废水、制药废水处理工程中已经广泛应用。

对于高浓度有机废水，厌氧—好氧组合处理工艺是公认的最经济的方法（表2-4-2）。畜禽养殖粪水中的大部分可生化降解COD可通过厌氧消化过程去除，而粪水中仅有4%~10%的磷以溶解态存在，大部分的磷可通过固液分离和排泥去除。因此，氨氮成为沼液好氧处理的主要去除项目。但是，好氧工艺直接处理沼液时，氨氮去除效果都比较差，NH_4^+-N去除率为30%~90%，出水NH_4^+-N浓度在100毫克/升以上。有机物去除也不理想，COD去除率35%~73%，出水COD浓度一般在500毫克/升以上，处理出水不能满足《畜禽养殖业污染物排放标准》（GB 18596—2001）。采用其他新工艺，如膜生物法(MBR)处理猪场废水厌氧消化液，处理结果也相似。有研究表明，膜生物反应器用于猪场粪水深度处理中试试验，COD去除率稳定在64%~85%，出水COD浓度大约250~550毫克/升，氨氮去除率在55.5%~92.8%，平均去除率为73.1%，氨氮出水浓度在150~200毫克/升（孟海玲，2007），见表2-4-2。

表2-4-2 厌氧—好氧组合工艺处理猪场粪水的小试结果

研究者	杨虹 等 2000			邓良伟等 2002			Ng W. G 1987		
	厌氧出水	好氧出水	去除率（%）	厌氧出水	好氧出水	去除率（%）	厌氧出水	好氧出水	去除率（%）
COD（毫克/升）	1429.1~1440.9	389.3~407.3	71.5~73.0	592~1560	540~1349	59.0~35.6	2794	1161	58.4
NH_4^+-N（毫克/升）	1393.7~1422.0	594.9~634.8	55.0~57.3	449~911	100~232	67.4~88.9	575	180	31.3

采用厌氧—好氧组合工艺进行猪场粪水处理生产试验时，好氧阶段不管是采用接触氧化法还是序批式反应器（SBR），处理效果都不理想。深圳农牧公司一个万头猪场进行了厌氧—接触氧化处理猪场粪水的生产性实验（徐洁泉等，1999），该工程日处理猪场粪

水 140~200 立方米 / 天，建有 274 立方米厌氧罐、3.5 立方米塔式生物滤池和 7 立方米接触氧化池。厌氧出水大部分用作农肥，24 立方米 / 天进入好氧后处理。两个厌氧—好氧组合工艺处理猪场粪水的生产性试验结果见表 2-4-3。

表 2-4-3 数据表明，采用厌氧—SBR 组合工艺处理猪场粪水的工程中，在厌氧消化液（沼液）好氧后处理阶段，COD 去除率仅 10.35%~43.6%，大多去除率在 10%~20%，说明 SBR 对 COD 去除贡献很小。关键该工艺是对 TKN 去除效率比较差，只有 42.2%~71.1%，文献中没有具体报道进出水 TKN 浓度，也没报道进出水 NH_4^+-N 浓度和去除率，就猪场废水而言，进出水 NH_4^+-N 浓度和 TKN 浓度很接近。由此推测，"厌氧 -SBR 组合工艺"对 NH_4^+-N 去除率只有 40%~70%。

表 2-4-3　厌氧 - 好氧组合工艺处理猪场废水生产性试验结果

工艺	厌氧 -SBR			厌氧 - 接触氧化		
项目	厌氧出水	好氧出水	去除率（%）	厌氧进水	好氧出水	去除率（%）
COD（毫克 / 升）	424.1~564.8	239.2~505.5	10.35~43.6	2220 ± 224	562 ± 46	74.7
NH_4^+-N（毫克 / 升）				401 ± 54	288 ± 77	28.2
TN（毫克 / 升）			42.5~71.1（TKN）	705 ± 134	396 ± 126	43.8

采用厌氧—接触氧化工艺处理猪场废水的工程中，在厌氧消化液（沼液）好氧后处理阶段，尽管 COD 去除率比较高，但出水 COD 浓度比较高，在 500 毫克 / 升以上，其对氨氮和总氮的去除率都很差，出水浓度接近 300 毫克 / 升。

小试和生产性试验均说明，传统的厌氧—好氧组合工艺处理高氮高有机物浓度的猪场废水，污染物效果差，特别是对氮的去除效率低。

厌氧—好氧组合处理工艺处理畜禽养殖废水时出水污染物不能达到排放标准是因为厌氧消化液（沼液）后处理效果差。组合工艺厌氧段主要是将有机污染物，特别是易降解有机物转化成甲烷和二氧化碳，除了同化、沉淀作用外，对氮磷基本没有去除效果。因此，在厌氧消化过程存在 BOD_5 与 COD、有机污染物与氮、磷去除不同步的问题。畜禽养殖废水经过厌氧消化后，绝大部分易降解有机物被降解，残留在厌氧消化液中的主要是难降解有机物和氮、磷等污染物质。因此，在厌氧消化液后处理的关键是去除氮、磷，必须采用具有良好脱氮除磷的工艺。理想的畜禽养殖废水厌氧—好氧组合工艺应该是具有良好除碳效果的厌氧前处理与具有良好脱氮除磷的后处理工艺相结合。

采用好氧生物处理工艺直接处理厌氧消化液（沼液），存在 COD、NH_4^+-N 和总氮去除效率低，反应器工作性能不稳定等不足。针对这些问题，农业部沼气科学研究所的研究人员开发了厌氧—加原水—间歇曝气工艺专利技术。

表 2-4-4 厌氧 – 加原水 – 间歇曝气工艺处理猪场废水实验结果

参数指标	进水	厌氧出水	好氧出水	总去除率（%）
COD（毫克/升）	$6\,372 \pm 1\,639$	$1\,229 \pm 397$	288 ± 59.2	95.5
BOD_5（毫克/升）	$4\,210 \pm 353$	223 ± 77.8	15.6 ± 6.2	99.6
NH_4^+-N（毫克/升）	707 ± 162	727 ± 167	3.89 ± 5.48	99.4
TN（毫克/升）	918 ± 164	739 ± 136	51.9 ± 0.1	94.3
TP（毫克/升）	206 ± 66.5	72.5 ± 1.34	51.1 ± 19.7	75.2

表 2-4-4 的结果表明，厌氧—加原水—间歇曝气工艺处理猪场废水，对 COD 的去除率达到 95% 以上、NH_4^+-N、BOD5 去除率达到 99% 以上，TN 去除率达到 93% 以上。出水 COD、BOD_5、NH_4^+-N、TN 分别低于 300 毫克/升、20 毫克/升、15 毫克/升、60 毫克/升，达到了《畜禽养殖业污染物排放标准》（GB 18596—2001）。与传统厌氧—好氧组合处理工艺相比，厌氧—加原水—间歇曝气对有机物、氮的去除效果大大改进，主要是因为通过配水达到了碳源与碱度自平衡，好氧处理混合液 pH 值能维持稳定，基本在 7.0~8.0。TP 尽管能去除 75.2%，出水仍然高达 51.1 毫克/升，不能达到《畜禽养殖业污染物排放标准》（GB 18596—2001），由于养殖废水中磷含量高，仅仅依靠生物处理，难以达到排放标准，需要采用物化处理工艺进一步处理。其后，其他研究者采用加原水的方法处理沼液也取得了比较好的处理效果。例如，采用传统 A/O 工艺在处理猪场沼液的过程中，出水 TN 难以达标，只有在添加原水的情况下，其 TN 去除率方可达到 77.11% 左右（许振成等，2008）。采用改良型两级 A/O 工艺处理某地奶牛粪便沼液。结果表明，沼液 C/N 比仅为 1.7 左右，可生化性低，传统 A/O 工艺处理效果差。若在沼液中添加原水将混合液 C/N 比提升至 5，并按 7:3 的比例分别进入第一、二级缺氧池，可使 SS、COD、NH_4^+-N、TN 和 TP 的去除率分别达到 89.4%、89.0%、93.2%、87.5% 和 98.8%（余薇薇等，2011）。

厌氧—加原水—间歇曝气工艺处理效果与直接好氧处理工艺（例如 SBR）相当。但其水力停留时间（HRT）、工程投资、剩余污泥量、需氧量同比分别降低 38.6%、11.8%、16.4% 和 95.9%，并能回收沼气。若不计沼气收益，厌氧—加原水—间歇曝气工艺的处理费用比直接好氧处理工艺低 47.5%；若计沼气收益，则厌氧—加原水—间歇曝气工艺的处理费只有直接好氧处理工艺的 9.1%（邓良伟等，2004）。目前，厌氧—加原水—间歇曝气工艺已经列入《畜禽养殖业污染治理工程技术规范》（HJ 497—2009），在养殖废水处理工程中大量应用。

三、物理化学处理技术

广义的物理化学处理技术（简称物化处理技术），是采用物理及化学的方式处理粪水，即采用非生物的处理方式处理粪水。狭义的粪水物化处理，则是采用物理化学的方式处理粪水。物理化学处理和物理处理、化学处理合为广义废水物化处理的 3 种方式。一般来说，广泛应用的是狭义定义。养殖粪水的物化处理主要采用絮凝、气浮、电解、膜浓缩分离和臭氧氧化技术等。

（一）絮凝技术

使粪水中悬浮微粒集聚变大，或形成絮团，从而加快粒子的聚沉，达到固—液分离的目的，这一现象或操作称作絮凝。实施絮凝通常靠添加适当的絮凝剂，其作用是吸附微粒，在微粒间"架桥"，从而促进集聚。养殖粪水固体悬浮物和有机物浓度高。因此，絮凝技术广泛应用于养殖粪水的预处理，以提高原水的可生化性，降低后续处理的负荷（图2-4-18）。

图 2-4-18　某猪场粪水絮凝工艺

以 COD 质量浓度超过 30 000 毫克/升养猪粪水为研究对象，研究分析硫酸铁、硫酸铝、结晶氯化铝、聚合氯化铝钾、聚合氯化铝、壳聚糖 6 种絮凝剂对该废水浊度、COD、NH_4^+-N、TP、BOD_5 的影响，并简要分析絮凝法预处理的经济成本（黄海波等）。结果表明，6 种絮凝剂对废水各项污染物均有一定的处理能力。浊度的去除率为 95.2%~99.7%，COD 的去除率为 36%~53%，NH_4^+-N 的去除率为 25%~72%，TP 去除率为 82%~97%。经 6 种絮凝剂处理后，水质 BOD_5/COD 依次为 0.415、0.504、0.424、0.515、0.379、0.135。除壳聚糖外，生物可降解性均比原废水提高。6 种絮凝剂对养猪废水的预处理效果显著，为后续的生物处理提供了有利条件。综合考虑处理效果和经济因素，聚合氯化铝钾为最佳絮凝剂。

（二）气浮技术

气浮法也称浮选法，是向污水中通入空气或其他气体产生气泡，利用高度分散的微小气泡黏附污水中密度小于或接近于水的微小颗粒污染物，形成气浮体。因黏合体密度小于水而上浮到水面，从而使水中细小颗粒被分离去除，实现固—液分离的过程。气浮法既具有物理处理功能又具有化学絮凝处理功能，可以有效地降低某些水中的污染物质。

气浮法的特点：

① 它是依靠无数微气泡去黏附絮粒，对于絮粒的大小和重量要求不高，通常能减少絮凝时间，节省混凝剂用量；

② 气泡的密度远远小于水，浮力很大，带气絮粒与水的分离速度快，单位面积分离能力强，可减小池容及占地面积，降低造价；

③ 气泡捕捉絮粒概率高，出水水质较好，有利于后续处理；

④ 对剩余活性污泥有浓缩作用，便于分离；

⑤ 也可用于养殖粪水后端养藻脱氮处理技术的藻类分离。

气浮法的缺点是比沉淀法耗电多，增加运营成本。

气浮的工艺与设备很多，根据微细气泡产生的方式不同可分为分散空气气浮法、电解气浮法和溶解空气气浮法。

1. 分散空气气浮法

按气泡粉碎方法又可分为扩散板曝气法、射流气浮法、叶轮气浮法等。事实上曝气池中也是气浮装置，如将浓厚的气泡和悬浮物通过溢出或括除装置去除，收集后另行处理，可大大提高曝气池的处理效果（图2-4-19）。

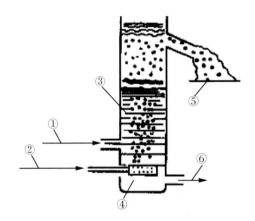

①入流；②空气；③分离区；④微孔扩散设备；⑤浮液；⑥出流

图2-4-19　分散空气气浮法（微气泡曝气法）示意

扩散板曝气气浮法是比较传统的方法，通过曝气气浮鼓风机将空气直接鼓入气浮池底部的充气器，形成小气泡进入废水中。充气器常用扩散板、穿孔板或微孔管等。若扩散装置的微孔过小，容易堵塞；而微孔过大时产生的气泡过大，需要投入表面活性剂，方可形成可利用的微小气泡。近年研制的弹性膜微孔曝气器，能够克服扩散装置微孔易堵塞或孔径过大不能有效形成微小气泡等缺点（图2-4-20、图2-4-21）。

图 2-4-20　板式曝气器

图 2-4-21　膜片微孔曝气器

　　叶轮气浮法的基本原理是通过电机驱动，使叶轮高速旋转，在盖板下形成负压而吸入空气，废水通过盖板上的小孔进入，在叶轮的搅动下空气被粉碎成微小的气泡，并与废水充分混合形成氨水混合体，经稳流板后在池内垂直上升，达到气浮作用。上浮的泡沫被缓慢转动的刮板不断刮到气浮池外的收集槽内。叶轮气浮装置广泛应用于油污处理，停留时间短，处理速度快，总停留时间 4~5 分钟，而溶气气浮的停留时间往往要 20~30 分钟。改进后的叶轮气浮—涡凹气浮装置除可分离油脂外，也适用于分离胶状物及固体悬浮物，其系统包括曝气装置、刮渣装置和排渣装置。它的特点是叶轮的叶片为空心状，处于底部的叶轮在电机带动下高速转动，形成一个负压区，使液面上的空气沿着涡凹头的中空管进入扩散叶轮释放到水中，并经叶片的高速剪切变成微小气泡，小气泡上浮过程中不断黏附在絮凝体上，形成新的低密度絮凝体，通过浮力作用将悬浮物带到水面上，再经刮渣装置刮去浮渣。涡凹气浮的优点是不需要压力溶气罐、空压机和循环泵等设备，投资省，占地面积小，运行费用低，处理效果好（图2-4-22、图2-4-23）。

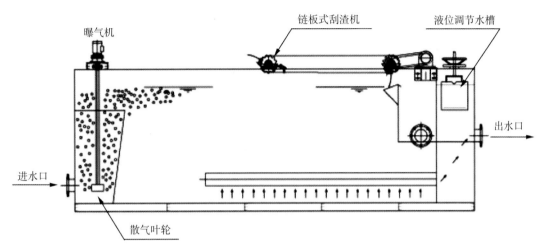

图 2-4-22　涡凹气浮工作原理

图 2-4-23　叶轮

2. 电解气浮法

将正负相间的多组电极安插在电解槽内废水中，当通入直流电时，废水电解，正负两极间产生的氢和氧的微小气泡黏附于悬浮物上，将絮凝悬浮物带到水面，以实现气浮分离。电解产生的气泡小于其他方法产生的气泡，密度低，表面负荷通常低于 4 立方米 /（立方米·小时）。因此，非常适应于脆弱絮状悬浮物的电解。利用电解气浮进行废水处理时，主要侧重于去除废水中的悬浮物与油状物，但实际上在电解气浮的同时，因发生了一系列电极反应，阳极还有降低 COD、BOD、脱色、除臭和消毒等作用，阴极还具有沉积重金属离子的功能（图 2-4-24、图 2-4-25）。其特点是：

（1）电解产生的气泡微小，与水中污染物接触面积大，气泡与絮粒黏附力强。

（2）电解过程中阳极表面会产生羟基自由基、原生态氧等中间产物，对有机污染物有一定的氧化作用。

（3）装置紧凑，占地面积小。

但电解凝聚气浮法耗电量大、运行管理要求高、金属消耗量大以及电极易钝化等问题，较难适应大型生产。

不同模式产生气泡的差别见表 2-4-5。

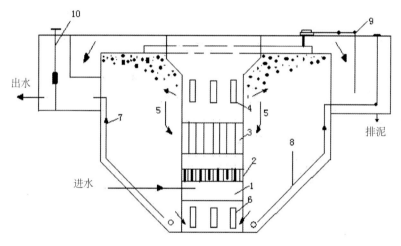

1. 入流室；2. 整流栅；3. 电极组；4. 出流孔；5. 分离室；6. 集水孔；
7. 出水口；8. 排沉淀管；9. 刮渣机；10. 水位调节器

图 2-4-24　电解气浮法装置示意

表 2-4-5　不同模式产生气泡的对比

类别	气泡粒径（微米）	气泡平均密度（克/升）
电解气浮	氢气泡：10 氧气泡：10~15	0.5
溶气气浮	100~150	1.2
机械叶轮气浮	800~1 000	1.2

图 2-4-25 电解气浮设备

3. 溶解空气气浮法

该法在青铜气液混合泵内使气体和液体充分混合，一定压力下使空气溶解于水并达到饱和状态，后达到气浮作用。根据气泡析出于水时所处的压力情况，溶解气浮法又分为加压溶气气浮法和溶气真空气浮法两种。

（1）加压溶气气浮法。是指空气在加压条件下溶解，常压下使过饱和空气以微小气泡形式释放出来，需要溶气罐、空气机或射流器、水泵等设备。

（2）溶气真空气浮法。是指空气在常压下溶解，真空条件下释放。其优点是无压力设备，缺点是溶解度低，气泡释放有限，需要密闭设备维持真空，运行维护困难。

（三）电解技术

电解（Electrolysis）是将电流通过电解质溶液或熔融态电解质（又称电解液），在阴极和阳极上引起氧化还原反应的过程，电化学电池在外加直流电压时可发生电解过程。电化学法是通过选用具有催化活性的电极材料，在电极反应过程中直接或间接产生大量氧化能力极强的羟基自由基（·OH），其氧化能力（2.80 伏）仅次于氟（2.87 伏），达到分解有机物的目的。在很大程度上提高了废水的可生化性能，并且具有杀菌消毒效果。电解法对于养猪粪水中的难以生物降解的有机物具有很强的氧化去除能力。因此，被广泛应用于养殖粪水的好氧处理后的深度处理及消毒。

电解氧化法对抗生素、激素去除率的影响大小顺序表现为电解时间、初始 pH 值和曝气时间，最优试验参数条件为电解电压 5 伏，电解时间 2 分钟，初始 pH 值为 9，曝气时间 3 小时。

电催化氧化处理技术（FMETB 系统）是利用电化学反应单元的特殊催化反应作用，在反应单元内产生羟基自由基离子（·OH），其具有极强的氧化性。在化学反应器的电催化、电氧化、电吸附、电气浮和电絮凝的同时作用下，水体中的有机物和氨氮的复杂大分子结构的分子链被打断成小分子结构，并被逐渐降解成 CO_2 和 N_2 回归到空气中，以达到降解有机污染物的目的。在处理过程中产生的新生态 [O-H]、[H]、[O] 等能与废水中的许多组分发生氧化还原反应，比如能破坏有色废水中有色物质的发色基团或助色基团，甚至断链，达到降解脱色的作用。其工艺特点为：① 电催化氧化过程中产生的（·OH）无选择地直接与废水中的有机污染物反应，将其降解为二氧化碳、水和简单有机物，没有二次污染，无污泥产生；② 电催化氧化过程伴随着产生高效气浮的功能，能有效去除水中悬浮物；③ 既可以作为单独处理，也可以与其他处理技术相结合，作为深度处理，进一步降解微生物无法彻底降解的污染物，确保出水达标；④ 设备操作简易，安装方便、快捷；⑤ 设备结构紧凑占地少，容易拆装搬迁，可重复利用；⑥ 不受气候等因素影响，常年稳定运行；⑦ 通过设备叠加可以达到由于环保指标提升而提高的水质排放要求（图2-4-26、图2-4-27）。

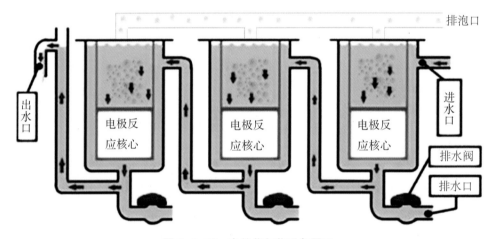

图 2-4-26　电催化氧化设备原理

图 2-4-27　电催化设备实地安装照片

（四）膜浓缩分离技术

膜分离是在 20 世纪初出现，20 世纪 60 年代后迅速崛起的一门分离新技术。膜的孔径一般为微米级，依据其孔径的不同（或称为截留分子量），可将膜分为微滤膜（MF）、超滤膜（UF）、纳滤膜（NF）和反渗透膜（RO）等。膜分离技术由于兼有分离、浓缩、纯化和精制的功能。因此，被广泛用作养殖粪水的浓缩和生化处理法中污泥与出水的分离。此外，膜对微生物具有很好的截留效果。如微滤膜（孔径为 $10^{-6} \sim 10^{-7}$ 米）可以截留全部细菌，而超滤膜（孔径为 $10^{-8} \sim 10^{-7}$ 米）可以截留大部分的病毒。因此，膜技术也是一种优良的物理消毒方法。在很多研究与实际工程应用中，膜工艺出水符合中水回用标准，可以用于粪便冲洗、绿化灌溉（图 2-4-28）。

图 2-4-28 沼液浓缩设备

沼渣和沼液中含有大量的有机质、腐殖酸等营养物质，回用于农田可有效提高农产品产量和品质，但往往存在着附近农田消纳能力不足、冬季需求量小、远距离运输成本偏高及利用时空分布不均和经济性偏低等问题。针对沼液产生量大、储存运输困难、营养元素偏低的问题，国内外多采用真空浓缩和脱水等手段来浓缩沼液以减少其体积和提高营养元素含量。

采用高耐污反渗透技术可对沼液进行浓缩，通过建立中试规模膜浓缩装置，在间歇试验和连续试验的基础上，分析膜通量、压力、运行时间、电导率等指标的关系，研究了系

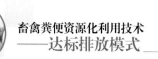

统的最佳运行压力、沼液最佳浓缩倍数、连续运行清洗周期等工艺参数，在此基础上，对沼液的浓缩效果及系统运行经济性进行了评价。结果表明，建立反渗透系统对沼液进行浓缩是可行的，与原始沼液比较，所产生透过液中氨氮、COD 和电导率的去除率高达 90% 以上，同时浓缩沼液体积为原液的 20%~25%，浓缩沼液中营养物质浓度提高 4~50 倍，可回用于农业种植，实现了沼液的高价值利用。

超滤膜和纳滤膜可用于畜禽养殖废弃物沼液的分离浓缩，处理过程不破坏沼液中有效物质的活性，浓缩液可作为无公害生物肥料的原料；沼液的 pH 值影响其体积浓缩倍数，当 pH 值为 5 时，体积浓缩倍数为最大值 23 倍，与沼液原液相比，浓缩液中的常规营养成分、微量元素和部分活性物质含量均得到显著提高，其中，TP 浓度提高了 309 倍，微量元素 Fe、Mn 和 Zn 浓度分别提高了 104、335 和 84 倍，其他成分含量多数可提高 10~20 倍（宋成芳等，2011）。

浙江省已有 3 个规模猪场采用了沼液膜浓缩技术，运行情况良好，浓缩比例为 5~10 倍，出水指标可达 COD ≤ 100 毫克 / 升，氨氮 ≤ 30 毫克 / 升，总磷 ≤ 3 毫克 / 升。

（五）臭氧氧化技术

利用臭氧的强氧化性氧化处理废水中的有机物或有毒有害物质，使其分解或转化为无毒害物质的方法称为臭氧氧化还原法。而臭氧（O_3）是氧的同素异形体，在常温、常压下是一种淡蓝色气体，在低浓度下嗅了使人感到清爽，当浓度稍高时，具有特殊的臭味，有毒性。臭氧沸点 –111.9℃，相对密度是氧的 1.5 倍，在水中溶解度要比纯氧高 10 倍，比空气高 25 倍。1783 年 M. 范马伦发现臭氧；1886 年法国的 M. 梅里唐发现臭氧有杀菌性能；1891 年德国的西门子和哈尔斯克用放电原理制成臭氧发生装置；1908 年在法国尼斯分别建造了用臭氧消毒自来水的试验装置。20 世纪 50 年代臭氧氧化法开始用于城市污水和工业废水处理；20 世纪 70 年代臭氧氧化法和活性炭等处理技术相结合，成为废水的高级处理和饮用水中除去化学污染物的主要手段之一。

臭氧能够有效的氧化分解废水中的有机物和氨氮，具有接触时间短、处理效率高、不受温度影响等特点，并具有杀菌、除臭、除味、脱色等功能。臭氧分子中的氧原子具有强烈的亲电子或亲质子性，臭氧分解产生的新生态氧原子也具有很高的氧化活性。但是，臭氧与有机物反应具有选择性，不易将所有有机物彻底分解为 CO_2 和 H_2O。用臭氧氧化法处理废水所使用的是含低浓度臭氧的空气或氧气。臭氧是一种不稳定、易分解的强氧化剂，因此，需要现场制造。臭氧氧化法水处理的工艺设施主要由臭氧发生器和气水接触设备组成。

臭氧发生器所产生的臭氧，通过气水接触设备扩散于待处理的废水中。通常是采用微孔扩散器、鼓泡塔或喷射器及涡轮混合器等（图 2-4-29）。要力求臭氧的利用率达到 90% 以上，剩余臭氧随尾气外排。为了避免臭氧污染空气，处理后的尾气可用活性炭或霍加拉特剂催化分解，也可用催化燃烧法使臭氧分解。

臭氧氧化法的主要用途有：水的消毒、水的脱色、除异味和臭味、去水中铁锰等金属离子以及氧化分解毒害有机成分。

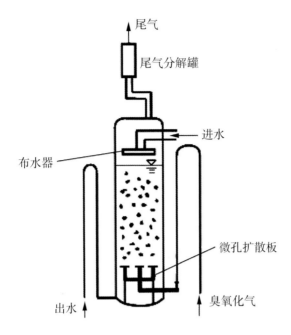

图 2-4-29　微孔扩散板式鼓泡塔

臭氧氧化法在畜禽养殖粪水处理工艺中主要用途是消毒和脱色作用。臭氧是一种广谱速效杀菌剂，对各种致病菌及抵抗力较强的芽孢、病毒等都有比氯更好的杀灭效果，水经过臭氧消毒后，水的浊度、色度等物理、化学性状都有明显改善，化学需氧量（COD）一般能减少 50%~70%。臭氧氧化法的主要优点是反应迅速，流程简单，没有二次污染问题。不过目前生产臭氧的电耗仍然较高，每千克臭氧耗电 20~35 度，需要继续改进生产，降低电耗，同时需要加强对气水接触方式和接触设备的研究，提高臭氧的利用率。总体来看，臭氧发生器投资大，运行费用高，因此，该技术在养殖粪水处理中应用仍较少，仅在一些要求高的养殖粪水达标排放处理工艺流程中，最后环节增加臭氧氧化处理设施，利用臭氧杀灭水中的有害微生物，改善出水颜色和水质，以达到高标准达标排放要求，或确保回水利用的安全性。

为了充分发挥臭氧的氧化作用，在臭氧化气投加到水中时，应将它分成尽可能多的微小气泡，同时保持气泡与水的对流，使气—水充分接触。臭氧的投加通常在混合反应器中进行。混合反应器（接触反应器）的作用为：①促进气、水扩散混合；②使气、水充分接触，迅速反应（图 2-4-30）。

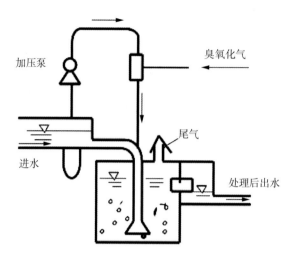

图 2-4-30 部分流量喷射接触池

四、污泥处理

（一）污泥的来源

畜禽粪水在工业化处理、达标排放工艺过程中，产生大量污泥。污泥是由细菌菌体、有机残片、无机颗粒和胶体等组成的极其复杂的非均质体。因进入污水处理系统的原水污染物质浓度不同，处理过程中产生的污泥量有较大的差异，可达污水量的 0.2%~2%，并且随着处理效率的提高而增加。对于深度处理，污泥量可增加 0.5~1 倍。污泥含水量很高，体积大，后续处理难度大，另外，污泥通常带有臭味，内含有有毒有害物质，容易造成环境再次污染，因此，必须对其进行有效的处理或处置。

随着我国城镇化水平不断提高，污水处理设施建设得到了高速发展，由于我国污水厂在建设过程中，长期以来"重水轻泥"，我国城镇污水处理厂基本实现了污泥的初步减量化，但未实现污泥的稳定化处理。据统计，约 80% 污水厂建有污泥的浓缩脱水设施，达到了一定程度的减量化；约有 80% 的污泥未经稳定化处理，污泥中含有恶臭物质、病原体、持久性有机物等污染物从污水转移到陆地，导致污染物进一步扩散，使得已经建成投运的大污水处理设施的环境减排效益大打折扣。据统计，在不同处置方式中，土地填埋占 63.0%、污泥好氧发酵 + 农用占 13.5%、污泥自然干化综合利用占 5.4%、污泥焚烧占 1.8%、污泥露天堆放和外运各占 1.8% 和 14.4%。事实上，土地填埋、露天堆放和外运的污泥绝大部分属于随意处置，真正实现安全处置的比例不超过 20%。

污泥处理是对污泥进行浓缩、调质、脱水、稳定、干化或焚烧等减量化、稳定化、无害化的加工过程。

污泥的来源可分为两部分。一是污水中本身早已存在的物质，如各种自然沉淀中截留的悬浮物。二是污水处理过程中形成的物质，如生物处理或化学处理过程中，由本来的溶解性物质和胶体状物质转化而成的悬浮物质。

按在工艺流程中不同产生阶段可分为：

原污泥为未经处理的初沉淀污泥，二沉剩余污泥或两者的混合污泥；

初沉污泥是从初沉淀池中排出的沉淀物；

二沉污泥是从二次沉淀池（或沉淀区）中排出的沉淀物；

活性污泥为曝气池中繁殖的含有各种好氧微生物群体的絮状体；

消化污泥是经过好氧消化或厌氧消化的污泥，所含有机物质浓度有一定程度的降低，并趋于稳定。

回流污泥是由二次沉淀（或沉淀区）分离出来，回流到曝气池的活性污泥；

剩余污泥为活性污泥系统中从二次沉淀池（或沉淀区）排出系统外的活性污泥。

粪水处理工艺中，除沉淀外通过气浮和过滤等处理技术分离出大量的固体悬浮物，也属于污泥范畴。如传统沼气池中排出的沼液通过气浮方法，悬浮物随大量浓厚的气泡排出，或经括除装置括到收集槽内（图2-4-31）。

图 2-4-31　气浮分离设备

（二）污泥的通用处理类型

污泥消化：在有氧或无氧的条件下，利用微生物的作用，使污泥中的有机物转化为较稳定物质的过程。包括好氧消化，即污泥经过较长时间的曝气，其中一部分有机物由好氧微生物进行降解和稳定的过程；厌氧消化，即在无氧条件下，污泥中的有机物由厌氧微生物进行降解和稳定的过程。

污泥浓缩：用重力或气浮法降低污泥含水量，使污泥稠化的过程。

污泥脱水：对浓缩污泥进一步去除一部分含水量的过程，一般指机械脱水。

污泥真空过滤：利用真空使过滤介质一侧减压，造成介质两侧压差，将污泥水强制滤过介质的污泥脱水方法。

污泥压滤：采用正压过滤，使污泥水强制滤过介质的污泥脱水方法。

污泥干化：通过渗滤或蒸发等作用，从污泥中去除大部分含水量的过程，一般指采用污泥干化场（床）等自然蒸发设施或采用蒸汽、烟气、热油等热源的干化设施。

粪水处理过程中产生的污泥，一般通过堆肥后作农用肥料。但污泥的水分特别高，一般可达93%~97%，难以直接堆肥或进一步加工处理，因此，各地都在积极探索高效率、低成本、方便易行的处理方法。

（三）污泥处理工艺与利用

如上所述，粪水处理产生的污泥通常用作有机肥料，而工业化达排放处理模式的工艺流程中必然含有生物处理环节。通过厌氧、好氧处理后所产生的污泥已相对稳定，因此，首先需要考虑的是进行脱水、浓缩及干化处理。

1.目前常用的机械脱水方法为通过板框式压滤机（图2-4-32）

其工作原理是在密闭的状态下，经过高压泵将污泥打入板框内形成挤压，使污泥内的水通过滤布排出，以达到脱水目的。板框式压滤机主要由固定板、滤框、滤板、压紧板和压紧装置组成。多块滤板、滤框交替排列，板和框间夹过滤介质（如滤布），滤框和滤板通过两个支耳，架在水平的两个平等横梁上，一端是固定板，另一端的压紧板在工作时通过压紧装置压紧或拉开。压滤机通过在板和框角上的通道或板与框两侧伸出的挂耳通道加料和排出滤液。滤液的排出方式分明流和暗流两种，在过滤过程中，滤饼在框内集聚。一般板框式压滤机的工作压力为0.3~0.5兆帕，压滤机工作压力为1~2兆帕。板框式压滤机的优点是结构较简单，操作容易，运行稳定，保养方便；

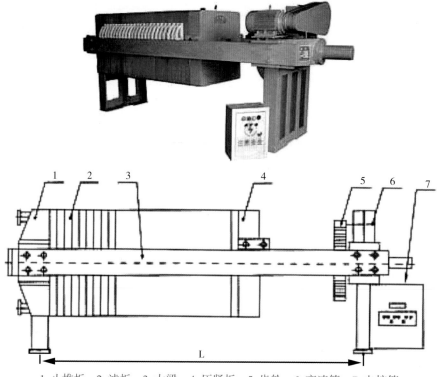

1.止推板；2.滤板；3.大梁；4.压紧板；5.齿轮；6.变速箱；7.电控箱

图2-4-32 板框式压滤机—原理图＋实机图

过滤面积选择范围灵活，占地少；对物料适应性强，适用于各种中小型污泥脱水处理的场合。板框式压滤机的不足之处是滤框给料口容易堵塞，滤饼不易取出，不能连续运行，处理量小，工作压力低，普通材质方板不耐压、易破板，滤布消耗大，滤布常需要人工清理。

2. 重力浓缩

污泥浓缩是降低污泥含水率、减少污泥体积的有效方法。污泥浓缩主要减缩污泥的间隙水。经浓缩后的污泥近似糊状，仍保持流动性。适用于含水率较高的污泥。例如，活性污泥，其含水率高达99%左右。当污泥含水率由99%降至96%时，污泥的体积可缩小到原来的1/4。为了对污泥有效地、经济地进一步处理，须先进行浓缩。浓缩后的污泥含水率一般为95%~97%。污泥浓缩中所排出的污泥水含有大量有机物质，一般混入原污水一起处理；不能直接排放，以免污染环境。重力浓缩法多采用污泥浓缩池，有连续式和间歇式两种。浓缩池的构造类似沉淀池，大多采用直径为5~20米的圆池，内设搅拌机械作缓慢搅拌。污泥在浓缩池中的停留时间，一般为12小时左右。浓缩池的表面污泥固体负荷率，视污泥性质而不同，初次沉淀池污泥为100~150千克/（平方米·日），活性污泥为20~40千克/（平方米·日）。在浓缩池中，固体颗粒借重力下降，水分从泥中挤出，浓缩污泥从池底排出，污泥水从池面堰口外溢（连续式）或从池侧出水口流出（图2-4-33）。

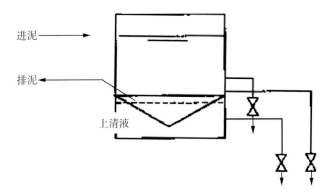

图2-4-33　间歇式污泥浓缩池

3. 砂滤脱水风干法

为了既节省投资、减少费用，又提高胶水干燥效率，有的养殖场研发了较为简易的砂滤脱水风干方法，值得借鉴。具体做法是地面上建一个水泥池，壁高120~150厘米。池底水泥地面略向一边倾斜，最低处安上一根打多孔的水管并接到池外，最终接回到污水处理池内。在池内下部放置一层10~20厘米小石子，再放一层相近厚度的粗砂，最上面放一层30~40厘米较细的清水砂（图2-4-34）。池上面搭一个透明的阳光棚。将污泥泵入水泥池内，不满出池壁即可，污泥中的水经细砂缝隙下渗到池底，并经水管引流返回污水处理池内，而污泥的固形物质被细砂阻止，大部分留在池的表面，经过一段时间的日晒风吹，逐渐变成一层干涸的泥饼，收集后送入有机肥车间加工成肥料，或者也可直接用于苗木、花卉等非食用作物的肥料。污泥入池后一般在 10~15 天后变成较硬的泥饼，即可收集装袋外运（图 2-4-35）。可根据污水处理量和污泥产生量的大小建多个池子，交替轮换使用。

图 2-4-34　砂虑风干池

图 2-4-35　干污泥装袋外运

五、消毒处理

畜禽养殖粪水经过生物和一般的物化处理技术工艺流程后，最后的出水中仍有可能存在较多的病原微生物，特别是某些有害微生物如排放到环境中，或者回水利用冲洗猪栏时，会导致二次污染和疫病的传播。《畜禽养殖业污染物排放标准》中对粪大肠杆菌群数有相应的规定。工业化达标排放处理模式，出水通常直接排放或回水利用，因此，消毒处理是其重要环节之一。

消毒处理是废水处理系统中杀灭有害病原微生物的水处理过程。常用的方法有臭氧消毒、紫外线消毒和添加消毒剂等方法。

（一）臭氧消毒

臭氧的消毒作用在前面的臭氧氧化法内容中已有提及，本段重点简述消毒灭菌。臭氧在水中的灭菌方式有两种，一是臭氧直接作用于细菌的细胞壁，将其破坏以导致细菌死亡。二是臭氧在水中分解时释放出自由基态氧，它的氧化作用极强，能够穿透细胞壁，氧化分解细菌内部葡萄糖氧化所必需的葡萄糖氧化酶；也可以直接与细菌、病毒发生作用，分解核酸、蛋白质、脂类及多糖等，以破坏其细胞器和核糖核酸，阻碍细菌的物质代谢与繁殖过程。臭氧在水中不稳定，易散失，作为消毒剂其消毒作用持续性不够。因此，臭氧消毒后往往需要加入少量氯制剂以维持消毒作用时间。

1. 臭氧消毒系统

由臭氧发生器、接触反应罐、尾气处理装置和控制系统组成（图 2-4-36）。

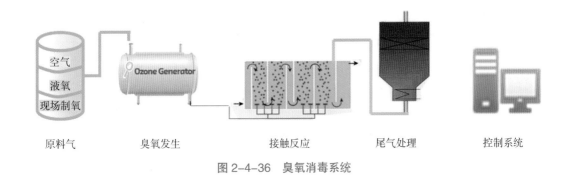

空气
液氧
现场制氧

原料气   臭氧发生   接触反应   尾气处理   控制系统

图 2-4-36 臭氧消毒系统

而臭氧发生器由气源处理系统、冷却系统、电源系统及电源控制系统四部分所组成（图 2-4-37、图 2-4-38）。

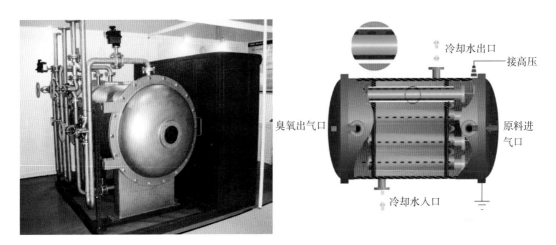

图 2-4-37 KCF-DT 臭氧发生器   图 2-4-38 臭氧发生器结构示意

2. 臭氧消毒处理的主要优点

① 高效性。扩散均匀，包容性好，克服了紫外线杀菌存在死角的弱点；杀菌能力强，作用快；

② 受污水 pH 值和水温的影响较小；

③ 可以去除水中的颜色、臭味和酚氰等污物；

④ 洁净性。臭氧具有自然分解的特性，消毒后不存在任何残留物，无二次污染，不产生有致癌作用的卤代有机物；

⑤ 臭氧的制备方便，仅需空气、氧气和电能，不需要任何辅助材料和添加剂，不存在原料的运输和贮存问题。

3. 臭氧投加方式

一般采用射流投加与曝气投加。不同的方式影响臭氧与污水的接触状况，消毒效果也不一样。气泡分散得越细小，臭氧利用效率愈高，消毒效果愈好。臭氧与废水接触停留时

间长效果更好（图 2-4-39、图 2-4-40）。

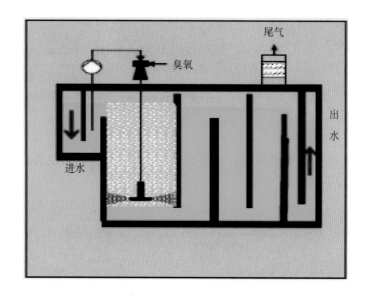

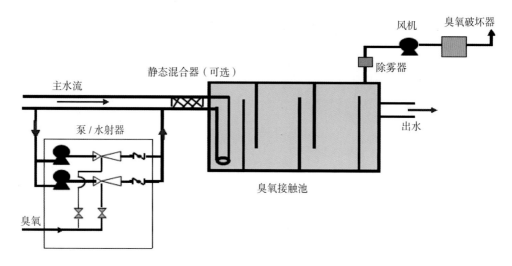

图 2-4-39　射流式臭氧投加方式示意

臭氧不同投加方式效果有一定差异，各自的优缺点如表 2-4-6 所示。

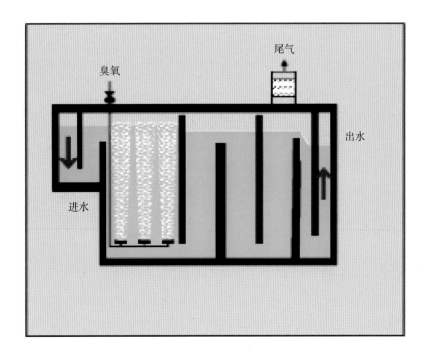

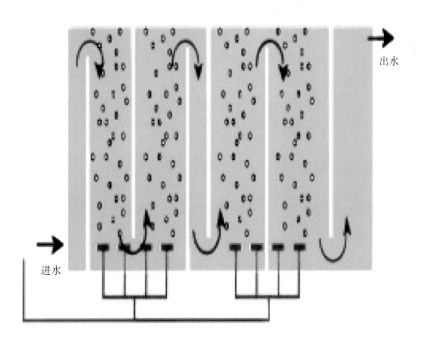

图 2-4-40　曝气式投加方式示意

表 2-4-6　臭氧不同添加方式的对比

	射流投加	曝气投加
优点	➤ 转换效率高 ➤ 气体流量低，对混合效果无影响 ➤ 维护工作在接触池外进行 ➤ 对旁流水量的要求不高 ➤ 占地少	➤ 应用成熟 ➤ 无活动部件 ➤ 转换效率较高 ➤ 低投资 ➤ 低行成本
缺点	➤ 高投资 ➤ 高运行成本	➤ 气体流量低，对混合效果可能会有影响 ➤ 维护工作需在接触池内进行 ➤ 占地大，水池深

（二）紫外消毒处理

紫外线是一种肉眼看不见的光波，存在于光谱紫射线端的外侧，故称紫外线。紫外线是波长在 100~380 纳米的电磁波谱的一部分。消毒使用的紫外线是 C 波紫外线，其波长范围是 200~275 纳米，杀菌作用最强的波段是 250~270 纳米。每一粒波长 253.7 纳米的紫外线光子具有 4.9 电子伏特的能量。当紫外线照射到微生物时，便发生能量的传递和积累，积累结果造成微生物的灭活，从而达到消毒的目的。当细菌、病毒吸收超过 3 600~65 000 微瓦 / 平方厘米剂量时，对细菌、病毒的去氧核醣核酸（DNA）及核醣核酸（RNA）具有强大破坏力，能使细菌、病毒丧失生存力及繁殖力进而消灭细菌、病毒，达到消毒灭菌成效。紫外线一方面可使核酸突变、阻碍其复制、转录封锁及蛋白质的合成；另一方面，产生自由基可引起光电离，从而导致细胞的死亡。利用特殊设计的高效率、高强度和长寿命的 UVC 波段紫外光照射流水，将水中各种细菌、病毒、寄生虫、水藻以及其他病原体直接杀死。

紫外线消毒器主要分为两种，一种是过流式紫外线杀菌器，又叫腔体式紫外线杀菌器或管道式紫外线杀菌器（图 2-4-41）；另一种是明渠式紫外线杀菌器，又叫框架式紫外线杀菌器（图 2-4-42）。构成整套紫外线消毒设备的主要配件有：

① 紫外线消毒模块；

② 紫外灯；

③ 石英套；

④ 电子镇流；

⑤ 水位控制系统；

⑥ 综合电气；

⑦ 全自动机械清洗系统；

⑧ UV 强度、水位监测；

⑨ 气源动力系统。

管道式紫外线杀菌器根据紫外剂量需求大小不同，可选用不同功率、不同数量的灯管进行组合，同时，也可以对紫外灯管分别进行控制，通过开启不同数量的灯管来调整提供相应的紫外剂量。

灯罩表面容易沉积结垢，影响杀菌效果，必须经常进行清洗保洁。但管道式的清洗比较麻烦，需要对部分组件进行拆装，因此，一些厂家开发了自带清洗功能的设备。紫外线杀菌器按清洗有以下几种方式：

① 标准型紫外线杀菌器不带清洗装置，3~6个月需将石英套管拆下进行人工清洗；

② 手动清洗型紫外线杀菌器有手动清洗机构，包括拉杆、手柄、清洗盘等；

③ 气动清洗型紫外线杀菌器配有气动清洗机构，包括气缸、启动电磁阀、清洗盘等；

④ 电动清洗型紫外线杀菌器带有电动清洗机构，包括电机、减速机、行程开关、丝杆、清洗盘等。

图 2-4-41　管道式紫外线杀菌器

图 2-4-42　明渠式紫外线杀菌器

明渠式紫外灯排架组件每一个紫外灯排架组件包括紫外灯管、套管、机械自动清洗装置；每根紫外灯管内置在一个单独的石英套管内，套管的一端为封闭端，另一端由灯管密封结构（橡胶机械密封结构）密封；石英套管的封口端通过 O 型圈固定在边框内，并且后部被顶住密封，石英套管不与框架内任何钢体接触，自动清洗石英套管不会脱出；石英套管的两端无伸出紫外灯管排架的框架两边的钢结构部分；紫外灯管排架应从设计上考虑到工厂的操作人员方便更换灯管和石英套管、操作安装及维修；每个紫外灯管排架组件达到 IP68 密封等级；所有与污水相接触的焊接金属元件均为 316L 不锈钢；机械自动清洗结构固定在紫外灯管排架的框架内。

紫外线消毒是一种物理方法，它不向水中增加任何物质，没有副作用，这是它优于氯化消毒的地方，通常与其他物质联合使用，消毒效果会更好。紫外线杀菌灯所发出之辐照强度，与被照消毒物的距离成反比。当辐照强度一定时，被照消毒物停留时间愈久，离杀菌灯管愈近，其杀菌效果愈好，反之愈差。

紫外线消毒的主要优缺点：

通常紫外线消毒可用于氯气和次氯酸盐供应困难的地区，以及水处理后对氯的消毒副产物有严格限制的场合。一般认为当水温较低时用紫外线消毒比较经济。

紫外线消毒的优点如下：

① 属物理处理，无二次污染，水的物化性质基本不变，对环境、生态和人类无害；

② 运行管理与维护简单方便，使用安全，无需储存、运输及使用任何有毒或腐蚀性化学物品；

③ 杀菌范围广而且迅速，在一定的辐射强度下一般病原微生物仅需十几秒即可杀灭；

④ 消毒性能稳定，不易受环境条件影响，水的化学组成、pH 值及温度变化一般不影响消毒效果；

⑤ 不另增加水中的臭味，不产生诸如三卤甲烷等类的消毒副产物；

⑥ 一体化的设备构造简单，容易安装，可在室外安装运行，占地面积少。

缺点：

① 污水的前处理要比较彻底。因为紫外线会被水中的许多物质吸收，如有机物、微生物、无机物，特别是在灯罩表面形成沉积结垢，影响杀菌效果；

② 紫外线剂量不足时将不能有效地杀灭病原体；

③ 不易做到在整个处理空间内辐射均匀，有照射的阴影区；

④ TSS 和浊度对紫外线消毒的影响较大，低压紫外灯的应用中，进水的 TSS 应低于 30 毫克 / 升。

紫外透光率是反映污水透过紫外光能力的参数，是设计紫外消毒系统的重要依据（表 2-4-7）。而紫外剂量是紫外辐射强度与接触时间的乘积，因此，可以通过延长接触时间或增加消毒系统中的紫外灯数目的方式加以补偿。据资料，活性污泥处理工艺的出水透光率为 60%~65%，生物膜工艺的出水为 50%~55%，三级处理出水透光率较高，可达 65%~85%。

表 2-4-7　污水处理工艺对紫外线处理出水水质的影响

工艺	紫外线透光率 %	悬浮物含量（毫克/升）	粒子尺寸分布/微米
初沉	2~25	50~150	20~30
铝盐强化一级处理	40~50	15~40	25~35
铁盐强化一级处理	25~45	15~40	20~30
氧化塘	30~50	15~50	20~30
SBR	45~65	10~30	25~40
生物膜	30~55	10~30	25~45
二级处理 + 过滤	65~85	< 50	15~25

随着粪水处理技术的提高和达标排放处理模式的改进，通过深度处理的出水浊度明显降低，TSS 含量也非常低，紫外消毒将逐步应用于畜禽养殖废水达标排放或回水利用处理工艺的后端，以满足直排环境或回水利用的要求。

（三）含氯制剂消毒

含氯消毒剂是能溶于水产生具有杀微生物活性的次氯酸的消毒剂总称。含氯消毒剂杀菌广谱、次氯酸分子量很小，容易进入细菌体内，使细菌蛋白快速氧化。通常所说的含氯消毒剂中的有效氯（available chlorine），并不是指氯。其杀微生物有效成分常以有效氯表示。次氯酸分子量小，易扩散到细菌表面并穿透细胞膜进入菌体内，使菌体蛋白氧化导致细菌死亡。含氯消毒剂可杀灭各种微生物，包括细菌繁殖体、病毒、真菌、结核杆菌和抗力最强的细菌芽胞。这类消毒剂包括无机氯化合物（如次氯酸钠、次氯酸钙、氯化磷酸三钠）、有机氯化合物（如二氯异氰尿酸钠、三氯异氰尿酸、氯铵等）。无机氯性质不稳定，易受光、热和潮湿的影响，丧失其有效成分，有机氯则相对稳定，但是两者溶于水之后均不稳定。

1. 氯消毒

氯气是人们最为熟悉的传统水处理中的常用消毒剂。在常温常压下，氯气为黄绿色、有强烈刺激性气味的有毒气体，其化学式为 Cl_2；密度比空气大，可溶于水，易压缩，可液化为黄绿色的油状液氯。瑞典化学家舍勒在 1774 年发现了氯气，在早期作为造纸、纺织工业的漂白剂。自然界中游离状态的氯存在于大气层中，是破坏臭氧层的主要单质之一。氯气受紫外线分解成两个氯原子（自由基）。大多数通常以氯化物（Cl^-）的形式存在，常见的主要是氯化钠（食盐，NaCl）。

氯气密度是空气密度的 2.5 倍，标准状况下 ρ =3.21 千克/立方米。熔沸点较低，常温常压下，熔点为 -101.00℃，沸点 -34.05℃，常温下把氯气加压至 600~700 千帕或在常压下冷却到 -34℃都可以使其变成液氯，即 Cl_2，液氯是一种油状的液体，物理性质与氯气不同，但化学性质基本相同。

氯气通常可直接利用，但考虑到贮运的方便，同时为制取纯净的氯气，而把一部分氯气进行液化制成液氯，装于钢瓶或槽车内运往用户。因此，在实际应用中常用液氯。液氯

是迄今为止最常用的消毒方法，其特点是液氯成本低、工艺成熟、效果稳定可靠。液氯消毒系统主要由贮氯钢瓶、加氯机、水射器、加氯管和电磁阀等组成。由于加氯消毒法一般要求接触时间不少于30分钟，所以，接触池容积较大；此外，氯气是剧毒危险品，存储氯气的钢瓶属高压容器，有潜在威胁，需要按安全规定建设氯库和加氯间。

氯消毒原理为氯溶于水后起下列反应：

$Cl_2+H_2O=HCl+HClO$

$HClO=H^++OCl^-$

次氯酸体积小，不带电荷，易穿过细胞壁；同时，它又是一种强氧化剂，能损害细胞膜，使蛋白质、RNA 和 DNA 等物质释出，并影响多种酶系统，主要是氧化破坏磷酸葡萄糖脱氢酶的巯基，从而使细菌死亡。

但次氯酸易分解、难保存、成本高、毒性较大，所以不直接用次氯酸杀菌消毒。

液氯消毒的突出优点是余氯的持续消毒作用时间长，灭菌效果好，价格较低，操作简便，不需庞大的设备。但氯气本身有毒，使用时必须注意安全，防止泄漏，同时，液氯在运输与贮存中有一定的安全风险。水经氯消毒后往往会产生多种有害物质，尤其是"三致"作用的消毒副产物，卤化有机物类及三氯甲烷、氯乙酸等，因此，在饮用水处理中是人们所重点关注的主要缺点，但在畜禽养殖污水的处理中可以稍加考虑，重点应加强使用过程中的安全防范工作。空气中氯气允许浓度不大于1毫克/千克。氯气吸入后与黏膜和呼吸道的水作用形成氯化氢和新生态氧。氯化氢可使上呼吸道黏膜炎性水肿、充血和坏死；新生态氧对组织具有强烈的氧化作用，并可形成具细胞原浆毒作用的臭氧。氯浓度过高或接触时间较久，常可致深部呼吸道病变，使细支气管及肺泡受损，发生细支气管炎、肺炎及中毒性肺水肿等。

2. 次氯酸钠消毒

次氯酸钠，是钠的次氯酸盐。水消毒工艺中，一般利用商品次氯酸钠溶液或现场制备的次氯酸钠溶液进行消毒。次氯酸钠溶解后产生次氯酸对水中的病原菌产生良好杀灭作用，但与氯气相比较灭菌效果较弱。

次氯酸钠溶液是次氯酸钠的溶解液，微黄色，有似氯气的气味，是化工业中经常使用的化学用品。

次氯酸钠在水中反应如下：

$NaClO+H_2O=HClO+NaOH$

受高热分解产生有毒的腐蚀性烟气，具有腐蚀性，具有强氧化性，可氧化 Fe^{2+}、CN^- 等离子。

次氯酸钠溶液具在腐蚀性。人体可经吸入、食入、经皮吸收，经常用手接触该液的工人，手掌大量出汗，指甲变薄，毛发脱落。本品有致敏作用。对环境没有明显污染。

次氯酸钠溶液操作处置与贮存应注意的事项：密闭操作，全面通风。操作人员必须经过专门培训，严格遵守操作规程。建议操作人员佩戴直接式防毒面具，穿防腐工作服，戴橡胶手套。避免与碱类接触。搬运时要轻装轻卸，防止包装及容器损坏。配备泄漏应急处理设备。倒空的容器可能残留有害物。储存注意事项：储存于阴凉、通风的库房。远离火种、热源。库温不宜超过 30℃。应与碱类分开存放，切忌混储。

3. 二氧化氯消毒

二氧化氯（ClO$_2$）是新一代高效、高速氧化性杀菌剂，国际上公认的安全、无毒的绿色消毒剂，为黄绿色到橙黄色的气体。熔点 -59.5℃，沸点 11℃，极易溶于水，密度为 3.09（11℃），有刺激性气味。11℃时液化成红棕色液体，-59℃时凝固成橙红色晶体。遇热水则分解成次氯酸、氯气和氧气，受光也易分解，其溶液于冷暗处相对稳定。

杀菌机理：二氧化氯对细胞壁有较强的吸附和穿透能力，放出原子氧将细胞内的含巯基的酶氧化起到杀菌作用。表现的优点为：

（1）广谱性。能杀死病毒、细菌、原生生物、藻类、真菌和各种孢子及孢子形成的菌体。

（2）高效性。0.1毫克/千克下即可杀灭所有细菌繁殖体和许多致病菌，50毫克/千克可完全杀灭细菌繁殖体、肝炎病毒、噬菌体和细菌芽孢。

（3）可靠性。受温度和氨影响小，在低温和较高温度下杀菌效力基本一致。pH值适用范围广，能在 pH 值 2~10 范围内保持很高的杀菌效率。

（4）多用性。二氧化氯能有效氧化去除水中的藻类、酚类及硫化物，可消除这些物质造成水中的色、嗅及味，具有比氯更好的处理效果，出水水质可明显提高。

（5）安全性。不与有机物发生氯代反应，不产生"三致"物质和其他有毒物质。对人体刺激性低，低于 500 毫克/千克时，其影响可以忽略，100 毫克/千克以下对人没任何安全性影响。

二氧化氯用于水消毒，在其浓度为 0.5~1 毫克/升时，1 分钟内能将水中 99% 的细菌杀灭，灭菌效果为氯气的 10 倍，次氯酸钠的 2 倍，抑制病毒的能力比氯高 3 倍，比臭氧高 1.9 倍。国外许多的研究结果表明，二氧化氯在极低的浓度（0.1 毫克/千克）下，即可杀灭许多诸如大肠杆菌、金黄色葡萄球菌等致病菌。即使在有机物的干扰下，使用浓度在几十毫克/千克时，也可有效杀灭细菌繁殖体、肝炎病毒、噬菌体和细菌芽孢等微生物。

二氧化氯能与许多化学物质发生爆炸性反应。对热、震动、撞击和摩擦相当敏感，极易分解发生爆炸。受热和受光照或遇有机物等能促进氧化作用的物质时，能促进分解并易引起爆炸。由于二氧化氯具有极强的氧化能力，应避免在高浓度时（>500 毫克/千克）使用。事实上，二氧化氯的常规使用浓度要远远低于 500 毫克/千克，一般为几十毫克/千克左右，不具有毒害作用，因此，它也被国际上公认为安全、无毒的绿色消毒剂。

二氧化氯还具有良好的除臭与脱色能力，也是畜禽养殖废水后端深度处理所需求的功能，因此，值得进一步研究尝试。

不同的含氯消毒剂有其各自的特点。液氯作为经典的饮用水消毒方式，消毒能力强，货源充足，价格低廉，投加设备较为简单，有着价廉物美的优势。但当水中有机物含量高时，会产生有致癌作用的卤化有机物。而二氧化氯作为后发展起来的消毒方式，杀菌能力比液氯消毒强，杀菌效果不受水的 pH 值影响，只发生氧化作用不发生氯化作用达到消毒效果，避免了有机卤代物的问题。但是二氧化氯制取出来即须应用，不能贮存，制取原料价格较贵。因此，在生产实践中的应根据实际情况，因水制宜，合理选用消毒剂。

第三章　应用要求

在探讨畜禽养殖粪便处理与综合利用技术的具体模式时，要从我国经济社会发展现状、畜牧业的发展历史以及当前面临的现实问题出发，用客观科学的态度和长远发展的眼光来分析与思考。养殖业的基本属性是经济产业，畜禽粪便处理与综合利用，选用什么样技术模式、采用何种工艺流程、选择具体的设备设施方面必须从当地的环境保护要求和生产实际出发，实事求是，因地制宜。特别是达标排放模式，是目前大家争议比较多的技术模式。

在传统种养结合的农业系统中，畜禽粪便作为良好的有机肥在系统内得到了有效的利用转化。传统的农耕文化必然有其合理性和科学性，因此，有条件的地区，农牧结合、综合利用模式肯定是最佳的选择。但随着我国畜牧业的快速发展，特别是畜牧总量已居世界之首，加之在缺少全面科学合理规划布局的情况下，区域性或集聚性的畜禽规模化、集约化养殖发展很快，新建的大型甚至特大型养殖场也为数不少，导致畜禽粪便的产生与消纳出现严重的区域性不平衡。因此，人们不得不探索新型的处理技术与模式。针对畜禽养殖废水量大，特别是经厌氧生物处理后的大量沼液无法就地消纳，外运利用成本高，并且种养对接难，又有明显的季节需求性，因此，近几年各地都在尝试工业化的达标排放处理模式。

通过近几年的研究与探索，达标排放处理技术和模式已基本成熟，特别是反渗透膜技术、电解（电催化）技术、药剂等的配合应用，可以做到处理后出水达标，关键在于养殖收入与处理成本的相对比较效益。目前，有的地方财政补贴沼液外运利用每吨20元，如果享有同样的补助政策，达标排放模式也是可行性的。

现代科技的发展是令人振奋的，回顾海水淡化技术的研究与发展历程，应对畜禽养殖废水的达标排放技术发展前景充满信心。工业废水处理技术的研究成果与应用经验也值得借鉴，将来，必然会有相当一部分大型、特大型猪场或奶牛场会采用，或配合使用达标排放技术模式。

第一节　适用范围

一、按养殖品种

达标排放模式主要适用于生猪、奶牛等大中型规模养殖场（小区）。这类养殖企业一般养殖规模大、用水量多，粪水的产生量也大。在选择达标排放模式时，养殖场（小区）应尽可能采用节水减排技术，采用干清粪工艺，控制粪水产生量。粪水通过物化、厌氧、好氧生化处理或氧化塘、人工湿地等自然处理，出水水质达到国家排放标准和总量控制要求。固体粪便通过堆肥发酵生产有机肥或复混肥。

二、按养殖规模

达标排放模式要求粪便经处理后，最终出水要达到国家或地方的排放标准，排出的水可直接排入自然环境。项目主体投资大、运行费用较高，操作和管理水平都有严格要求。因此，比较适合于生猪年出栏量1万头以上、奶牛存栏量在500头以上的大中型规模养殖场使用。粪水每天处理量大于100立方米的养殖场相对成本较低。

三、按养殖环境

采用达标排放模式一般是在养殖场周边土地紧张、环境无法消纳沼渣沼液、必须将其进行处理达标后才允许排放的区域。这类工程投资比较大，出水水质要求高，对温度也有一定要求，特别适合于大城市近郊和经济发达地区。目前这种模式多集中在南方省份。

第二节 注意事项

达标排放模式的畜禽养殖粪水经处理后直接排入自然环境。因此，要求最终出水水质要达到国家或地方规定的排放标准。目前执行的养殖污水排放国家标准主要有《污水综合排放标准》（GB 8978—1996）、《畜禽养殖业污染物排放标准》（GB 18596—2001）、《城镇污水处理厂污染物排放标准》（GB 18918—2002）等。

达标排放模式需要较为复杂的机械设备和质量要求较高的构筑物，投资规模大，其设计和运转均需要具有较高技术水平的专业人员来执行，运行费用较高。可通过沼气发电、净水回收利用以弥补运行成本。

畜禽粪水处理时，须先进行固液分离，有效减少粪水中的固形物。特别是对于厌氧生物处理工艺，如果不进行预处理，很可能造成厌氧发酵设备堵塞，缩短厌氧发酵系统的处理效果和使用寿命。

达标排放工艺流程的选用需因地制宜，在我国寒冷的北方地区推广时，必须充分考虑温度对生物处理设施和处理效果的影响，增加相应的保温措施，科学评价整个系统的实用性。总体设计时要考虑地形地貌、地质状况等，利用地势落差，以节省能源。

注重处理系统的科学有效管理。养殖业的标准化程度相对较低，饲料改变、清粪变化、出栏冲洗、前处理设施设备故障等，都会明显改变废水的浓度和总量，这对污水处理系统而言，相当于工业企业的原料投入出现巨变一样，会严重影响产品的最终质量。如粪

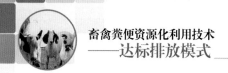

水量和浓度大幅增加，会出现曝池、破坏微生物系统、物化处理设备参数变化等，以致处理效果发生变化，达不到出水标准。这是同一技术工艺在不同猪场处理效果差异大，或同一猪场同一处理系统经常出现处理效果明显变化的主要原因。

注重系统管理技术人员的培训。达标排放技术模式对管理技术人员的技术水平以及责任心要求比较高，管理人员要有一定的文化程度和技术水平，基本掌握系统的技术原理和操作规程，能够基本判断处理系统是否正常运行，及时发现问题、处理一般技术问题。特别是管理人员的责任心非常重要，必须严格按照操作规程要求操作。同时，还要有安全防范意识，注意安全风险。近年来，沼气爆炸造成人员受伤甚至死亡的事件时有发生，系统维修过程中沼气中毒事故也不少，务必引起高度重视。

加强市场调研和现场考察。达标排放技术模式的总投入较大，养殖企业在工艺流程、承建企业的选用过程中必须慎重，注意投资风险防范。确定选用某种工艺设备后要按要求建设与配备，每个环节都要做到位，不能为了节省一点资金，偷工减料，缩短流程，以免影响处理效果。

前面已提到，达标排放处理技术模式是其他处理技术难以解决的情况下采用的方法，经济有效、方便可行是选择的目标。畜禽养殖废水处理应遵循如下基本原则，即"资源化、减量化、无害化、生态化、廉价化、产业化"。因此，根据养殖场实际情况可以选择达标排放处理技术作为主要途径，也可以作为补充手段，比如消纳条件较好的场，在春夏秋季采用农牧结合的方式为主，而气温较低的季节配合物化处理技术强化深度处理，以摊薄全年的平均处理成本。

第四章　典型案例

案例1　湖南新五丰股份有限公司
【UASB（厌氧）+SBR（好氧）+消毒处理】

一、简介

湖南新五丰股份有限公司宜潭分公司为一家育肥猪场，常年存栏从断奶到肥猪12 000~13 000头，采用干清粪工艺清粪，但是干粪清除率较低，日排放粪尿污水400吨。

（一）水质水量

猪场粪水量及水质特征见表4-1-1。

表4-1-1　猪场粪水水质水量特性

参数	日处理废水量 （吨/天）	pH	COD$_{cr}$ （毫克/升）	BOD$_5$ （毫克/升）	SS （毫克/升）	NH$_4^+$-N （毫克/升）	TKN （毫克/升）
数值	400	6.5~8.0	8 000	4 000	2 500	530	630

（二）处理要求

根据项目有关要求，粪水处理后达到《畜禽养殖业污染物排放标准》（GB 18596—2001），具体参数见表4-1-2。

表4-1-2　粪水处理后排放需要达到的水质指标

水质参数	pH	BOD$_5$ （毫克/升）	COD$_{cr}$ （毫克/升）	SS （毫克/升）	NH$_4^+$-N （毫克/升）
标准值	6~9	≤150	≤400	≤200	≤80

二、工艺流程（图）

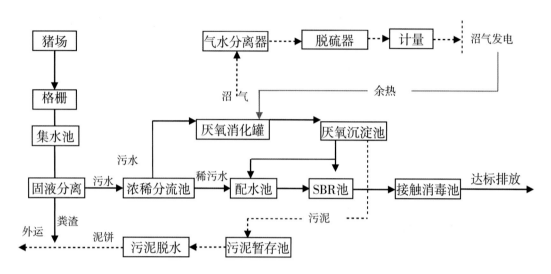

图　猪场废水处理工艺流程框

三、技术单元

（一）具体步骤

1. 粪尿冲洗水收集

猪场粪水通过地下排污管道引入集水池，用于短暂贮存猪场排放的粪便。

2. 固液分离

粪渣、残留饲料等固态物质过多进入后续处理系统，必将严重影响后续工艺的处理效果，最终导致整个处理系统出水恶化。要保证达标排放，减轻后处理的难度，应使尽量少的污染物进入生物处理系统。因此，在预处理阶段，采用固液分离机尽量多地将粪渣、残留饲料等悬浮物质分离出来。该工程采用小孔径（<1毫米）固液分离设备，用于去除悬浮颗粒物质，固液分离后的粪水进入浓稀分流池，分离出来的粪渣外运后发酵作有机肥。

3. 浓稀分离

在浓稀分流池，将粪便分离成上层稀粪水和下层浓粪水。稀粪水体积占总量的70%，COD量占总量的30%。浓粪水体积占总量的30%，COD量占总量的70%。浓稀分流池采用原有废水工程的UASB改建。浓稀分离后，稀粪水进入配水池，用潜污泵将浓粪水泵入厌氧消化罐。

4. 厌氧消化

厌氧消化罐是粪便处理工程的核心，厌氧消化工艺选择是否恰当直接影响粪便处理工程的处理效果，如沼气产量大小、运行管理成本和基建投资费用等。

本工程工艺路线采用基于浓稀分流的猪场粪便处理方法，针对原料的特点，高浓度料液（浓粪水）采用升流式固体床厌氧消化工艺（USR），该工艺具有适应性广、抗冲击负荷能力较强、不易堵塞、处理效果稳定等特点。

5.厌氧消化液沉淀

由于浓粪水厌氧消化出水悬浮物浓度高，为了保证好氧后处理的效果，需要对厌氧消化出水进行沉淀，厌氧沉淀池采用原有废水处理工程的调节池改建。

6.沼气贮存与净化系统

本工程选用常压湿式储气柜储存所产生的沼气。刚产出的沼气是含饱和水蒸气的混合气体，除含有气体燃料 CH_4 和惰性气体 CO_2 外，还含有 H_2S（1 500~2 000 毫克/立方米）和其他极少量的气体。H_2S 不仅有毒，而且有很强的腐蚀性。过量的 H_2S 和杂质会危及沼气发动机的寿命，所以，新生成的沼气不宜直接用作发动机燃料。粪便处理工程的沼气系统除常规的储气和稳压装置外，还需进行气水分离、脱硫等净化处理。气水分离采用重力法，沼气脱硫采用干式化学脱硫。

7.沼气发电

沼气用于发电是生物质能转换为更高品位能源的一种表现方式，属于我国政府积极提倡和扶持的项目。沼气的主要成分是甲烷和二氧化碳，其中，甲烷含量一般为50%~65%，二氧化碳含量一般为45%~30%。此外，还有少量的氮气、硫化氢、一氧化碳等其他气体。沼气作为发电燃料是可行的，但由于沼气的热值较低[17.93~25.11兆焦/标准立方米（沼气）]，燃烧速度很慢，着火温度要求高，再加上沼气中大量的 CO_2 又有阻燃作用。因此，不能采用普通内燃气体发电机组，必须使用沼气专用发电机组。

8.好氧处理

为了保证处理后出水达到《畜禽养殖业污染物排放标准》（GB 18596—2001），必须对稀粪水以及浓粪水厌氧消化出水进行好氧处理。为了满足好氧处理的 BOD_5/COD、BOD_5/TN 的比值以及处理系统的碱度要求，稀粪水只能直接进行好氧处理，不能再进行厌氧消化。否则，就需要在好氧处理过程加碱。因此，本工程采用专利技术（ZL200910058472、12012102308855）将稀粪水与浓粪水厌氧消化出水配水混合后再进行好氧处理。

混合水好氧处理采用 SBR 工艺（即序批式反应器或间隙式活性污泥法），整个工艺过程由进水、曝气、沉淀、滗水和闲置工序组成，依次在同一个反应池中周期性运转。这种工艺的主要特点是在同一个构筑物中完成生物降解和污泥沉淀两种作用，减少了全套二沉池和污泥回流设施，在缺氧混合与曝气反应反复交替运行的系统中降解有机物，具有脱氮除磷的特点，同时能大量回补碱度。

9.消毒处理

为了减少疫病传播的风险，需要对好氧处理出水进行消毒处理，达到杀灭寄生虫卵及大肠菌群的要求，消毒采用投加氯片的方法。

10.污泥处理与处置

本工程产生的厌氧污泥和好氧剩余污泥采用机械脱水，脱水后的污泥外运作有机肥原料。

（二）主要建构筑物

猪场粪水处理工程主要建构筑物见表4-1-3。

表4-1-3　猪场粪水处理工程建构筑物一览表

序号	构（建）筑物名称	结构	单位	数量	备注
1	集水池	钢混	立方米	24	
2	固液分离房	砖混	立方米	18	
3	浓稀分流池	钢混	立方米	250	原有UASB改建
4	厌氧消化罐	钢制	立方米	2×600	
5	储气柜	钢混＋钢制	立方米	200	
6	厌氧沉淀池	钢混	立方米	170	原有调节池改建
7	沼液贮存池	砖混	立方米	1 865	
8	配水池	钢混	立方米	96	原有曝气池改建
9	SBR池	钢混	立方米	1 440	
10	接触消毒池	砖混	立方米	50	
11	污泥暂存池	砖混	立方米	18	
12	管理房	砖混	立方米	34	
13	鼓风机房	砖混	立方米	35	
14	发电机及配电房	砖混	立方米	35	

（三）处理效果

该工程每天厌氧消化单元日产沼气400~900立方米，日发电10~20小时（600~1 500千瓦·小时）。猪场粪水处理工程运行监测结果见表4-1-4。从表4-1-4可以看出，整个系统对COD、NH_4^+-N、SS的去除率分别达到90％、98％以上，好氧处理出水浓度为COD 173~297毫克/升、NH_4^+-N 5.77~63.2毫克/升达到了《畜禽养殖业污染物排放标准》。

表4-1-4　猪场废水处理工程运行监测结果

监测时间	监测指标	进水	出水	测试单位
2014.7.12	COD（毫克/升）		232	当地环境监测站
	NH_4^+-N（毫克/升）		18.0	
	SS（毫克/升）		1 261	
2014.7.12	COD（毫克/升）	6 851	261	设计单位实验室
	NH_4^+-N（毫克/升）	287	63.2	
	SS（毫克/升）	4 395	442	
2014.7.17	COD（毫克/升）	6 452	173	设计单位实验室
	NH_4^+-N（毫克/升）	559	13.6	
2014.8.24	COD（毫克/升）	3 506	173	设计单位实验室
	NH_4^+-N（毫克/升）	288	26.6	

监测时间	监测指标	进水	出水	测试单位
2014.9.5	COD（毫克/升）		268	设计单位实验室
	NH_4^+-N（毫克/升）		33.6	
2014.9.18	COD（毫克/升）	6 050	275	设计单位实验室
	NH_4^+-N（毫克/升）	669	6.96	
2014.9.29	COD（毫克/升）		297	当地环境监测站
	NH_4^+-N（毫克/升）		5.77	
2014.11.24	COD（毫克/升）	3 309（SBR 进水）	267	设计单位实验室
	NH_4^+-N（毫克/升）	719（SBR 进水）	7.60	

四、效益分析

该工程需要 3 个操作工运行管理废水工程，每月工资总计 7 000 元；污泥脱水药剂费 2 000 元，沼气脱硫剂费 1 500 元；需要冲洗用水 2 吨/天，费用 120 元/月；设备维修费大约 1 500 元/月；运行电费约 15 300 元/月，总计运行费 27 420 元/月，实际废水处理量平均 340 吨/天，整个处理系统用电由处理过程产生的沼气发电供给。该工程实际运行费用约为 2.73 元/吨。

沼气发电除供粪水处理工程外，余电可以为办公、猪舍提供用电，每年节约电费大约 10 万元；部分沼气供食堂炊事，每年节约燃料费 2 万元。

案例2 广东惠州市兴牧畜牧发展有限公司 【沼气池（厌氧）+A/O（好氧）+ 人工湿地】

一、简介

惠州市兴牧畜牧发展有限公司于 2003 年 4 月注册成立，公司位于广东省惠州市惠城区马安镇新乐工业区，是集科研、生产、经营于一体的省级重点农业龙头企业。公司目前有养殖基地 1 300 亩，存栏母猪 4 000 头，其中纯种母猪 1 500 头、二元杂母猪 2 500 头，良种公猪 300 头，每年可向社会提供 1 万多头祖代、父母代繁殖种猪、20 万多份良种猪精液、8 万多头商品肉猪。

二、工艺流程

以大型沼气池为基础，生化处理技术 + 微生物处理技术为核心工艺，以沼气池 +A/O 法水处理 + 人工湿地 + 晒渣场晒渣相结合的工艺为主导，具体工艺流程如图 4-2-1 所示。

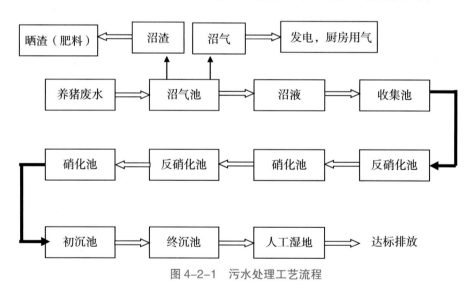

图 4-2-1 污水处理工艺流程

三、技术单元

该场污水处理系统占地面积约 5 000 平方米，日可处理污水 300 吨，日产沼气近 2 000 立方米，主要包括厌氧发酵系统（沼气池）和粪水后处理系统。

　　沼气池容量为 10 000 立方米，池底铺设专用防渗地膜防止污水渗漏，经过科学设计池体，铺设出水管道、排渣管道，达到了自动水渣分离的效果。沼渣经过晒渣场自然风干成有机肥，再补充其他营养元素，制作有机复混肥；沼液经过有效的后期水处理工程处理后达标排放；沼气通过发电转化为电能，每日可发电约 3 600 度。沼气发电完全可以满足本场生产和生活用电，同时还可以满足沼气系统自身需要的动力。

　　沼气池建造在空地和原有鱼塘上，呈倒梯形，深度约 6 米。由于沼气池池底比较大，污水进去以后，沼渣沉在底部，沼液在中间层，沼气在上层。排渣管道建设在底部，排水管道在中间，排气管道在上方。排渣时，不需要额外动力，完全利用自身池内压力将池底的沼渣从排渣管道压出，沼液从沼液管道排出，沼气从沼气集气管道排出，实现了气、水、渣的自动分离。污水在沼气池停留 30 天以上，发酵效果好，沼渣少，基本上每 3~6 个月才需排渣一次（图 4-2-2 至图 4-2-11）。

图 4-2-2　沼气池

图 4-2-3　黑膜沼气池

图 4-2-4　硝化池和反硝化池

图 4-2-5　人工湿地

图 4-2-6　发电机组

图 4-2-7　晒渣场

图 4-2-8　渣块

图 4-2-9　达标排放水

图 4-2-10　达标排放水

图 4-2-11　猪场环境

该系统处理后所排放的液体水，化学需氧量（COD）可降低到 50~80 毫克 / 升，生化需氧量（BOD）降低到 40~50 毫克 / 升，氨氮（NH_4^+-N）为 5~25 毫克 / 升，悬浮物（SS）为 60~80 毫克 / 升，远远低于珠三角畜禽养殖业污染物排放标准。处理后的水还可用于猪舍清洁、场内灌溉，环境效益明显。

四、效益分析

此项目的粪便处理设施固定投入为 360 万元。以每年存栏 12 000 头、出栏 30 000 头生猪计算，每年粪水处理成本为 15 万元，每吨污水处理费用约 5 元左右。

表　经济效益分析

养殖量（头/只）		粪污处理设备投资效益										
		投资（万元）			成本（万元）			效益（万元）				
存栏	出栏	粪便设施	污水设施	小计	有机肥	污水处理	小计	沼气	沼液	粪便	有机肥	小计
12 000	30 000	100	260	360	—	15	15	30	20	—	6	56

案例 3 浙江美保龙种猪育种有限公司
【UASB（厌氧）+A²/O（好氧）+ 深度处理】

一、简介

浙江美保龙种猪育种有限公司创办于 2010 年 8 月，是浙江大飞龙动保集团旗下企业。建成后基础母猪存栏 2 000 头，每年向社会提供精品种猪 1.5 万头及优质商品猪 2.5 万头。

二、工艺流程

工艺流程图如图 4-3-1 所示：

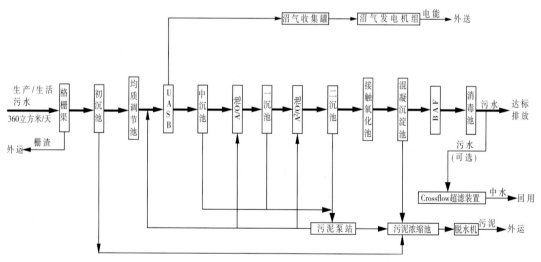

图 4-3-1 系统工艺流程

本项目采用干清粪工艺，厂区的污水主要为猪粪（少量）、猪尿、猪舍冲洗废水及部分生活污水。设计进水水质及排放水质指标（排放指标达到《畜禽养殖业污染物排放标准》（GB 18596—2001）要求）如表所示。

表　猪场污水处理工程进水及出水水质指标

项　目	进水水质指标	排放水质指标
CODcr	≤ 13 000 毫克 / 升	≤ 60 毫克 / 升
BOD_5	—	≤ 20 毫克 / 升
SS	≤ 8 000 毫克 / 升	≤ 20 毫克 / 升
TN		≤ 20 毫克 / 升
NH_4^+-N	≤ 3 000 毫克 / 升	≤ 8 毫克 / 升
pH	6~9	6~9
粪大肠菌群	—	≤ 2 000 个 / 升
BOD_5/COD_{cr}	≈ 0.5	—

三、技术单元

（一）预处理部分

机械格栅、集水井、水力筛网及均质调节池，通过这些预处理设施实现固液分离，并均匀水质水量，为后续生化处理减轻负荷，做好准备（图 4-3-2）。

图 4-3-2　预处理工程图片

（二）UASB 厌氧发酵系统

降解废水中的有机污染物生产沼气，UASB 工艺产生的沼气收集至沼气罐，通过沼气发电机组进行发电，供给养殖场废水站处理系统自用电能，多余电能外送，年度经济效益非常可观（图 4-3-3）。

图 4-3-3　沼气罐及沼气配套系统

（三）A/O 及 A²/O 系统

UASB 上清液进入到 A/O 池中进行除磷脱氮，A/O 池出水经一级沉淀池后的上清液进入到 A²/O 池中，在 A²/O 池中进一步去除污水中的有机污染物并协同除磷脱氮，出水进入到混凝沉淀池中，进一步去除污水中悬浮物和颗粒物（图 4-3-4）。

图 4-3-4　A/O 及 A²/O 系统现场

（四）二级生化处理

由于本工程的进水有机污染物浓度高，出水水质要求高。因此，在前端一级生化的基础上，设置二级生化处理工艺，以保证出水水质达标。二级生化处理工艺推荐采用接触氧化法 + 混凝沉淀 + 曝气生物滤池（BAF）工艺来深度处理废水，使最终出水水质达到排放标准要求（图 4-3-5）。

图 4-3-5　二级生化处理设施

（五）污泥脱水

采用板式压滤机对污泥进行脱水处理，沉淀池中产生的剩余污泥，采用一体化浓缩压滤脱水机，脱水后的泥饼与栅渣一起外运处置（图 4-3-6）。

图 4-3-6　污泥脱水装置

四、效益分析

（一）投资概算

污水处理中心总投资 800 万元，其中基建投资费用 300 万元，工程设备投资费用 500 万元。

（二）成本分析

1.电费

猪场达产后实际平均日排污量约为 240 吨，用电负荷日平均约为 960 千瓦，电费 0.69 元 / 度（农用电）。

合计单位处理电费：

$E1 = 960 \times 0.69/240 = 2.76$ 元

2.人工费

劳动定员：2 人

人员工资：3 000 元 /（人·月）

$E2 = 42 \times 3000/30/240 = 1.0$ 元 / 立方米

3.药剂费

约 $E3 = 2.0$ 元 / 立方米

4.维修费

约 $E4 = 0.3$ 元 / 立方米

5. 其他费用

约 E5=0.3 元 / 立方米

6. 发电效益

沼气量：Q ≈ 405 立方米 / 天（系统运行按 20 小时 / 天计）

发电量：W=405 × 1.7 ＝ 688.5 千瓦·时

产生效益：688.5 × 0.69 ＝ 475 元

吨水效益：E6=1.98 元 / 立方米

7. 废水处理运行费用

E=E1+E2+E3+E4+E5=6.19 元 / 立方米污水

8. 计发电效益时废水处理运行费用

E=E1+E2+E3+E4+E5−E6=4.21 元 / 立方米

案例4　江苏加华种猪有限公司
【UASB（厌氧）+A/O^2（好氧）+MBR 生化处理】

一、简介

江苏加华种猪有限公司是一家种猪繁育及育肥一体大型龙头企业，公司常年存栏数量12万头猪，猪厂采用干清粪，日处理量为1 000吨。

二、工艺流程（图4-4-1）

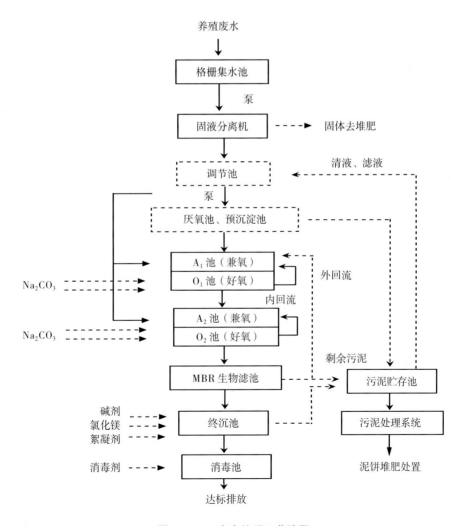

图 4-4-1　废水处理工艺流程

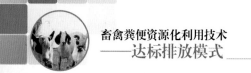

三、技术单元

养殖废水首先重力流入格栅井（新建），在格栅井内先后经两级粗细机械格栅隔除废水中的杂物等，再流入集水池，未经发酵的粪污水经收集后泵入螺旋挤压固液分离机，在振动电机的作用下加速落料，此时经动力传动，挤压绞龙将粪水逐渐推向机体前方，同时不断提高前缘的压力，迫使物料中的水分在边压带滤的作用下挤出网筛，流出排水管，进入调节池。调节池完成水量调节及后续水质调配，调节池内装有提升泵，经提升泵提升至厌氧系统、后处理池及沉淀池，分别完成厌氧、预沉淀处理，减轻后续处理负荷；污水处理系统处理后的出水进入后续污水处理系统，即污水由泵提升至二级 A/O 生化处理系统（巴氏生物脱氮），首先进入一级兼氧池，利用进水中的碳源作电子供体，一级好氧混合液回流中的硝态氮为电子受体完成反硝化脱氮，出水进入一级好氧池进行有机物降解及氨氮硝化，经一级 A/O 处理后，出水进入二级兼氧池进一步完成反硝化，反硝化出水再进入第二级好氧，将废水中余留的氨氮进一步氧化去除，考虑到第二级反硝化 C/N 营养比失调，工艺中采用多段进水为其补充碳源；两级 A/O 出水进入二沉池完成泥水分离，沉淀污泥经污泥泵回流入兼氧池，此时出水大部分指标已基本接近达标；为保证系统稳定出水，二沉池出水进入终沉池反应区，根据二沉出水情况投加药剂，强化终沉效果（包括化学除磷除氨氮），出水再进入消毒池杀菌消毒，保障出水水质，出水经计量井实现达标排放。

（一）污泥处理

该场的污泥，包括前处理中的粪渣和后续生物化学处理污泥。前处理粪渣经脱水可直接去堆肥；后续污泥排放污泥贮存池，经浓缩后，上清液回调节池，底泥通过机械脱水处理，滤液自流回初沉调节池，泥饼及时进行安全处置或进入原堆肥系统（图 4-4-1）。

（二）处理效果

整个系统对 COD、NH_4^+-N、SS 的去除率分别达到 90%、98%、95% 以上，好氧处理出水浓度为 COD 170~361 毫克/升、NH_4^+-N 5.74~33.6 毫克/升、SS 39~47 毫克/升，达到了《畜禽养殖业污染物排放标准》（表 4-4-1，图 4-4-2 至图 4-4-8）。

表 4-4-1　污水处理效果

粪便处理情况			
粪便：		**污水：**	
日处理量（吨/天）	500	日处理量（吨/天）	1 000
处理方式	条垛式高温好氧发酵	处理方式	厌氧+缺氧+多级延时曝气好氧+化学除磷

续表

粪便综合利用情况			
有机肥：		**沼液：**	
产量（吨）	70 000 吨 / 年	产量（吨）	
还田利用量（吨）		还田利用量（吨）	120 000
对外销售量（吨）	70 000	达标排放量（吨）	80 000
沼气：		**其他利用情况及数量：**	中水回用 100 000 吨
产量（立方米）	131.4 万		
发电量（千瓦·时 / 年）	247.52		
自用量（立方米）	31 万		

图 4-4-2　UASB 厌氧发生器

图 4-4-3　贮液池

图 4-4-4　沉淀池调节池

图 4-4-5　生化池

图 4-4-6 脱硫塔

图 4-4-7 风机

图 4-4-8　氧化塘

四、效益分析（表 4-4-2）

表 4-4-2　污水处理效益分析

处理设施年运行成本（万元）	147	处理设施折旧成本（万元/年）	8
粪便处理利用年收入（万元）	523.5	项目建设年经济效益（万元）	368.5

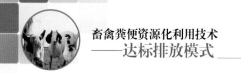

案例 5 天津大成前瞻生物科技农业生态园种猪繁育场 【UASB（厌氧）+ 微藻培养】

一、简介

天津大成前瞻生物科技农业生态园种猪繁育场，位于天津市宝坻区牛家牌镇大宝庄村东北 810 米，场区总占地面积 484.63 亩。主要建设内容包括：16 栋猪舍，包含配种妊娠舍、分娩舍、保育舍、育肥舍和后备舍，合计建筑面积 20 000 平方米。合计常年存栏数 6 000 头（图 4-5-1）。

图 4-5-1 鸟瞰图

（一）水质水量

猪场粪水（养殖废水）量及水质特征见表 4-5-1。

表 4-5-1 废水水质特征

参数	日处理量 （吨／天）	pH	COD$_{cr}$ （毫克／升）	BOD$_5$ （毫克／升）	SS （毫克／升）	NH$_4^+$-N （毫克／升）	TN （毫克／升）
数值	80	6.5~8	16 000	7 000	2 500	900	1 800

（二）处理要求

根据项目有关要求，废水处理后达到 2014 年《畜禽养殖业污染物排放标准（二次征求意见稿）》（表 4-5-2）。

表 4-5-2　废水处理需要达到的水质要求

水质参数	pH	COD_{cr}（毫克/升）	BOD_5（毫克/升）	SS（毫克/升）	NH_4^+-N（毫克/升）	TN（毫克/升）
标准数值	6~9	150	40	150	40	70

二、工艺流程

（一）工艺流程说明

系统采用水泡粪技术进行猪舍粪便的清洁和收集，在水泡粪预处理阶段，采用固液分离设备将养殖粪水的固液体物质进行分离，分离后的固体物质用作有机堆肥材料，粪水部分则进入相应的粪水调节池进行水质的调节以进入后续的 UASB 厌氧发酵系统。经 UASB 厌氧发酵的沼液进入好氧曝气池进行好氧处理后，通过绿倍生态科技有限公司筛选的 F109 生物菌剂进行初步的沼液营养元素的净化，之后进入微藻培养池进行微藻的培养和沼液营养物质的无害化处理，最终达到养殖粪水的安全排放。

（二）工艺流程图（图 4-5-2）

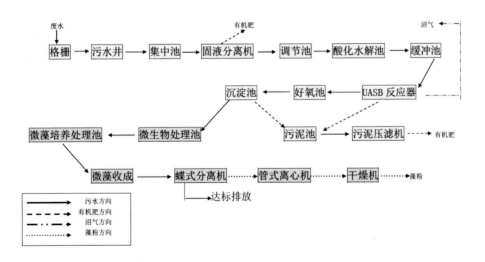

图 4-5-2　工艺流程

（三）处理效果

整个系统对 COD、NH_4^+-N、SS 去除率达到 92%、96%、95%，经微藻处理后出水浓度达 COD 115~149 毫克/升，NH_4^+-N 1.5~40 毫克/升，SS 9~39 毫克/升，可以达到《畜禽养殖业污染物排放标准》的要求。

三、技术单元

（一）固液分离和水质调节

在预处理阶段，采用固液分离机将粪渣、残留饲料等悬浮物分离出来。固液分离出来的粪渣将处理为有机肥，粪水进入调节池进行初步的水质调节，调节池出水进入酸化水解池，酸化水解池内有生物填料，微生物可初步的调整水体的营养成分以易于后续厌氧发酵的顺利进行（图 4-5-3）。

图 4-5-3　固液分离

（二）厌氧发酵

UASB 厌氧发酵体系，因其处理负荷较其他厌氧处理工艺高而得到推广。本工程中选用的 UASB 工艺是在原 UASB 的基础上改进的系统，经酸化调节后的粪水存放在缓冲池作为 UASB 的进水来进行厌氧发酵。通过严格控制进水水质，优化布水系统和三相分离系统，在反应器内部设置循环流，从而提高了反应器去除效率及 COD 负荷，减小了反应器体积（图 4-5-4）。

（三）好氧及微生物处理

为保证好氧后处理的效果，需要对厌氧消化出的污水进行沉淀，同时添加微生物菌剂来降低营养物质来确保粪水营养物的浓度达到微藻所能承受的范围，以促进后续处理工艺的高效进行（图4-5-5）。

图 4-5-4　UASB 厌氧发生器

图 4-5-5　好氧反应池

（四）微藻培养及收获

微藻在利用沼液中的养料生长同时降低粪水中营养物质含量，有机废水经微藻净化后，水质要求能够达到 2014 年《畜禽养殖业污染物排放标准（二次征求意见稿）》，同时采用碟式离心机和管式分离机进行微藻脱水操作能够收获微藻细胞，作为饲料添加物、水产饵料及水质改善剂等具有高附加值产品开发的潜力（图4-5-6）。

图 4-5-6　碟式离心机

四、效益分析

　　该项目对 6 000 头猪只在养规模场每年的削减量排放量为：COD_{cr}：约 60 吨 / 年；SS：约 6 吨 / 年；NH_3-N：约 5 吨 / 年。藻生态系统投入比 A/O 及其他传统工艺大幅降低，运行费用低于传统工艺 2~5 元 / 立方米。此外，每立方污水可产出微藻浓缩液 2.5 千克以上，6 000 头在养场每年可以收成 70 吨藻浓缩液（价值 21 万元以上），可用于水产养殖的水质调整、动物产饲料或制作成藻的其他功能性产品，获得多样性的价值，带来产业链利益。如果推广至年出栏百万头生猪养殖规模，可以创造 3 000 万元以上的效益。

案例6　四川铁骑力士种猪场
【MCR膜生化处理+SRO系统（深度处理）】

一、简介

铁骑力士集团是国家级农业产业化重点龙头企业，创建23年来从3.5万元、6个人发展成为在全国建有51家分（子）公司、员工6 000余人的高科技企业集团，包括饲料、食品、牧业三大事业部和国家级企业技术中心冯光德实验室以及铁骑力士大学。灵兴种猪场位于涪江流域，该生态农牧示范场存栏种猪1 000~3 000头（图4-6-1、图4-6-2）。

图4-6-1　厂区正门

图4-6-2　污水处理厂现场

二、工艺流程（图4-6-3）

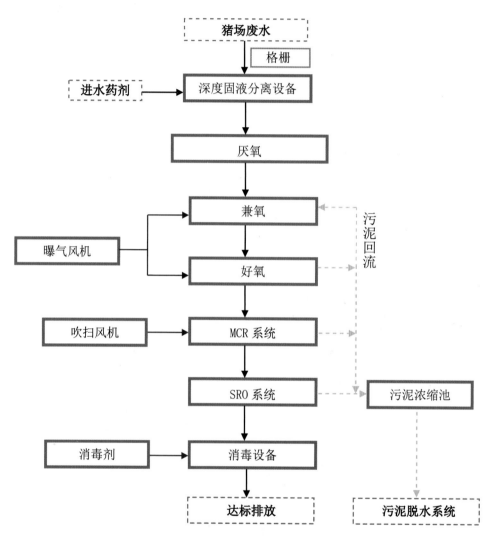

图4-6-3 工艺流程示意

三、技术单元

该场日产废水200吨。废水主要来源于水冲粪后收集的废水。同时，还有部分生活污水流入废水收集池，废水浓度高、水质水量波动变化大，COD、BOD_5、NH_4^+-N等指标均超标。该场采用"预处理 + 固液分离 +MCR系统 +SROX系统 + 消毒杀菌"的处理模式对养殖废水进行处理。

（一）设计处理水量

根据该场实际情况，参照相关设计规范，设计处理水量为 200 立方米 / 天，即 10 立方米 / 时。

（二）设计进水水质

废水处理后水质达到《城镇污水处理厂污染物排放标准》（GB 18918—2002）一级 A 标，其主要指标见表 4-6-1。

表 4-6-1 废水出水指标

项目	COD$_{cr}$（毫克/升）	BOD$_5$（毫克/升）	SS（毫克/升）	氨氮（毫克/升）	总磷（毫克/升）	大肠杆菌（个/升）	pH
出水指标	≤ 50	≤ 10	≤ 10	≤ 5(8)	≤ 1	≤ 1 000	6~9

（三）预处理阶段

深度固液分离设备是利用水在不同压力下溶解度不同的特性，通过增压系统、快速反应循环系统对全部或部分待处理（或处理后）的水进行加压、加气，增加水的空气溶解量，在此过程中加入公司自主研发的无机高分子絮凝剂，通过絮凝沉淀后，在常温常压下进行悬浮筛选，从而最终将比重小于 1 的、微小的甚至肉眼无法看到的很难沉降的胶体颗粒物分离出来，SS 的去除率达到 80% 以上（图 4-6-4）。

图 4-6-4 深度固液分离系统

（四）MCR 膜生化处理阶段

1. 接触氧化池

在生物接触氧化法中，微生物主要以生物膜的状态固着在填料上，同时又有部分絮体或碎裂生物膜悬浮于处理水中。生物接触氧化池中的生物膜重量，比曝气池内悬浮活性污泥的重量大得多，一般生物膜重量为 6 000~14 000 毫克/升，而氧化池中呈悬浮状的微生物（活性污泥）浓度一般为 200~1 000 毫克/升。

2. MCR 膜反应器

MCR 是一种将高效膜分离技术与传统活性污泥法相结合的新型高效污水处理工艺，它用具有独特结构的 MCR 平片膜组件置于曝气池中，经过好氧曝气和生物处理后的水，由泵通过滤膜过滤后抽出。它利用膜分离设备将生化反应池中的活性污泥和大分子有机物质截留住，省掉二沉池。活性污泥浓度因此大大提高，水力停留时间和污泥停留时间可以分别控制，而难降解的物质在反应器中不断反应、降解。由于 MCR 膜的存在大大提高了系统固液分离的能力，从而使系统出水水质和容积负荷都得到大幅度提高，经过消毒，最后形成水质和生物安全性高的优质再生水，可直接作为新生水源。由于膜的过滤作用，微生物被完全截留在 MCR 膜生物反应器中，实现了水力停留时间与活性污泥泥龄的彻底分离，消除了传统活性污泥法中污泥膨胀问题。膜生物反应器具有对污染物去除效率高、硝化能力强，可同时进行硝化、反硝化、脱氮效果好、出水水质稳定、剩余污泥产量低、设备紧凑、占地面积少（只有传统工艺的 1/3~1/2）、增量扩容方便、自动化程度高、操作简单等优点（图 4-6-5）。

图 4-6-5　MCR 内部构造

（五）产水段

SRO 系统的主要工作原理如下：原水依次经过由机械过滤器、活性炭过滤器、软水器和微孔过滤（保安过滤）四部分组成的预处理单元的处理，分别将原水中的淤泥悬浮物、大部分有机物以及细小颗粒物质处理掉，然后经过高压泵增压，泵入超级反渗透（SRO）膜分离单元（图 4-6-6）。

图 4-6-6　SRO 系统

四、效益分析

该场污水处理工程项目总投资是 520 万元，吨水运行费用为 3.9 元。电费、药剂费、人工费折合每吨水运行费用 1.9 元，易耗品折合每吨水 2 元。

案例 7   浙江衢州市宁莲畜牧业有限公司
【沼液浓缩利用】

一、简介

衢州市宁莲畜牧业有限公司成立于 2005 年 4 月，占地面积 1 372 亩（15 亩 =1 公顷。下同），其中，养猪场占地 296 亩。公司现有良种母猪 1 500 多头，年出栏商品猪 3 万头，有机肥厂年可处理猪粪 11 000 吨，生产优质有机肥料 5 500 吨。

二、工艺流程（图 4-7-1）

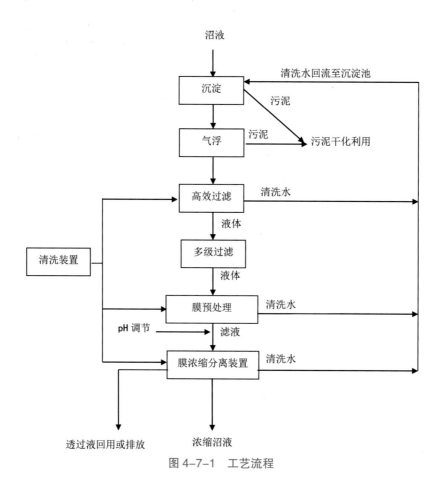

图 4-7-1   工艺流程

三、技术单元

1. 沉淀

厌氧发酵后的沼液先进入沉淀池，经过 4 天以上的自然沉淀，能将沼液中的泥沙等大量的固体颗粒物分离，上清液后进入气浮池。

2. 气浮

利用溶气释放的原理在气浮池内产生大量微气泡，微气泡能捕捉吸附细小颗粒、胶黏物使之上浮，形成泥饼层，通过电机带动的刮板将泥饼层刮除，达到固液分离的目的。

3. 高效过滤

气浮出水经增压泵输送到高效过滤器，高效过滤采用纤维过滤材质，过滤时纤维被压缩，形成大量微小网状空隙，过滤除去部分大颗粒的悬浮物。滤器堵塞后，可以通过滤后水反洗得以恢复，高效滤器具有过滤速度快，纳污量大的特点（图 4-7-2）。

4. 多级过滤

多级过滤为逐步增加过滤精度的纤维滤袋，滤袋过滤精度为 50~150 微米，经过 50 微米的滤袋过滤后，初步达到了膜集成分离装置的进水要求（图 4-7-3）。

图 4-7-2 高效过滤器

图 4-7-3 多级过滤

5.膜预处理

膜预处理采用过滤孔径小于0.1微米的中空超微滤膜元件，该膜元件经过表面改性，具有表面光洁，抗污染物附着，耐酸碱及氧化物清洗的特点。经过膜预处理装置能将沼液中肉眼可见的颗粒全部去除，同时也去除了大部分胶体物质，沼液清澈成亮黄色，符合后继膜浓缩分离工艺的进水要求（图4-7-4）。

图4-7-4　膜预处理装置

6.膜浓缩分离

膜浓缩是利用膜的选择透过特性，将沼液中氮、磷、钾营养物质及有机质与水分离从而实现营养成分的浓缩。氮、磷、钾营养物质及有机质被截留在浓缩液中，透过液可达标排放。浓缩倍率可达5~10倍。浓缩膜采用高抗污染的纳滤和反渗透膜元件（图4-7-5）。

7.中央控制

采用工业PLC控制下的集中控制方式，系统启停运行自动完成，稳定可靠。由于季节变化带来的沼液成分变动时，可以方便的通过参数设置来应对（图4-7-6）。

图4-7-5　膜浓缩分离装置

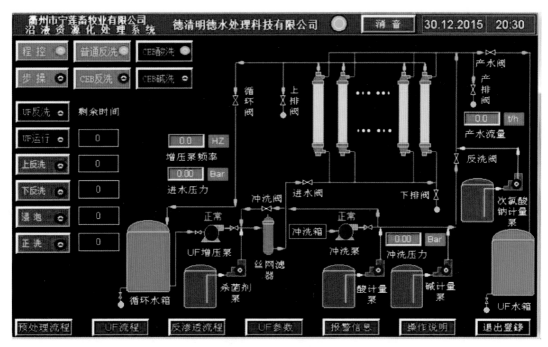

图 4-7-6　中控界面

四、效益分析

（一）投资预算及成本

按照每天处理沼液 100 吨计，本技术主要设备投资约 100 万元，浓缩设备用房 100 平方米，沼液处理费用为 8.5 元 / 吨。

（二）综合效益

1. 经济效益

按本技术设备处理 100 吨 / 天和浓缩 10 倍计算，年处理沼液 30 000 吨（300 天 / 年），获得浓缩沼液 3 000 吨，清洁循环水 27 000 吨；年产值 160.8 万元，其中浓缩液产值 150 万元（3 000 吨 × 500 元 / 吨）；节水减排产值 10.8 万元（减排废水 27 000 吨 × 4元 / 吨）。

2. 生态效益

按年处理沼液 30 000 吨和浓缩 10 倍能力设计，减排污水 27 000 吨，减排 COD 近 60吨（按 COD 浓度 2 000 毫克 / 升计算），减排全氮 45 吨（按平均 0.2% × 75% 计算）节约化肥氮 45 吨，减排总磷 14 吨（按平均 0.05% × 92.5% 计算），节约化学磷肥 14 吨，还能节约钾肥 24 吨和其他肥料。同时，还可大量减少沼液配送运输成本，减轻配送运输造成的二次大气污染和对路面等的损害，实现农村能源的可持续发展。

案例 8　广东英德市金旭畜牧有限公司
【HDPE 黑膜沼气池（厌氧）+A/O²（好氧）+ 人工湿地】

一、简介

英德市金旭畜牧有限公司（一期）为一家母猪场（育肥在另外场），常年存栏生猪 21 000~25 000 头，猪场采用水冲粪工艺清粪，日排放粪尿污水 500 吨。

（一）水质水量

猪场粪水量及水质特征见表 4-8-1。

表 4-8-1　猪场粪水水质特性

参数	日处理废水量（吨/天）	pH	CODcr（毫克/升）	BOD₅（毫克/升）	SS（毫克/升）	NH₄⁺-N（毫克/升）	TP（毫克/升）
数值	500	7~10	6 000~10 000	4 000~6 000	2 000~3 000	400~700	80~120

（二）处理要求

根据项目有关要求，粪水处理后达到《畜禽养殖业污染物排放标准》(DB44/613-2009）的珠三角标准值，具体参数见表 4-8-2。

表 4-8-2　粪水处理需要达到的水质指标

水质参数	pH	BOD₅（毫克/升）	CODcr（毫克/升）	SS（毫克/升）	NH₄⁺-N（毫克/升）	TP（毫克/升）
标准值	6~9	≤ 140	≤ 380	≤ 160	≤ 70	≤ 7.0

二、工艺流程（图4-8-1）

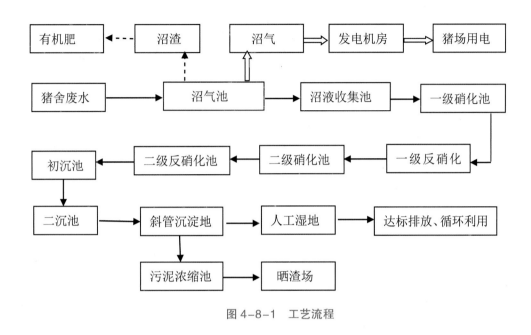

图4-8-1 工艺流程

三、技术单元

（一）具体步骤

1.格栅池

来自猪舍的猪粪尿污水及冲洗废水通过地下排污管道首先进入格栅池，设置格栅池的目的是将废水中粗大杂物（如塑料袋、消毒瓶、消毒包装袋、尼龙绳等不溶性垃圾）截留，防止进入HDPE黑膜大型沼气池中，造成沼气池管道堵塞，导致清理困难及不能正常运行的后果。

2.固液分离

粪渣、残留饲料等固态物质过多进入后续处理系统，必将严重影响后续工艺的处理效果，最终导致整个处理系统出水恶化。因此，在预处理阶段，应尽可能多地将粪渣、残留饲料等悬浮物质分离出来。本工程采用固液分离设备，用于去除悬浮颗粒物质，固液分离后的废水进入调节池，分离出来的粪渣经干化后作有机肥。

3.调节池

调节池的目的是调节水量，使废水预酸化，提高厌氧单元的处理效率，在此经过机械搅拌将猪舍干清粪时没有完全清理好的块状猪粪破碎，形成混合液均匀自流进入大型沼气池中。

4.厌氧消化

厌氧消化是粪便处理工程的核心，厌氧消化工艺选择是否恰当直接影响粪便处理工程的处理效果、沼气产量大小、运行管理成本和基建投资费用。

本工程工艺采用大型 HDPE 黑膜厌氧沼气池，该工艺具有适应性广、建造成本低、处理效果好、自动性强等特点，可实现气、水、渣分离，并自动排渣。

5.沼气贮存与净化系统

从沼气池刚产出的沼气是含饱和水蒸气的混合气体，除含有气体燃料 CH_4 和惰性气体 CO_2 外，还含有 H_2S（1 500~2 000 毫克/立方米）和其他极少量的气体。H_2S 不仅有毒，而且有很强的腐蚀性。过量的 H_2S 和杂质会危及沼气发动机的寿命，所以，新生成的沼气不宜直接用作发动机燃料。粪便处理工程的沼气系统除常规的储气和稳压装置外，还需进行气水分离、脱硫等净化处理。气水分离采用重力法，沼气脱硫干式化学脱硫。

6.沼气发电

沼气发电是生物质能转换为更高品位能源的一种表现方式，属于我国政府积极提倡和扶持的项目。沼气的主要成分是 CH_4 和 CO_2，其中 CH_4 含量一般为 50%~65%，CO_2 含量一般为 45%~30%。此外，还有少量的 N_2、H_2S、CO 等其他气体。沼气作为发电燃料是可行的，但由于沼气的热值较低 [17.93~25.11 兆焦/标准立方米（沼气）]，燃烧速度很慢，着火温度要求高，再加上沼气中大量的 CO_2 又有阻燃作用。因此，不能采用普通内燃气体发电机组，必须使用沼气专用发电机组。

7.A/O^2 工艺处理

本工程采用 A/O^2 工艺（即反硝化+硝化+反硝化+硝化生化工艺），A/O^2 处理工艺是一项能够实现同步脱氮除磷去除 COD 的污水处理工艺。

8.悬浮物的去除

经硝化反硝化处理后的混合液进入到沉淀池内，由水压重力作用进行泥水分离。沉淀下来的污泥由气压排泥系统排至污泥浓缩池中，进行晒渣干化处理，上清液则自流进入人工湿地进行深度脱氮除磷处理。

9.污泥处理与处置

污水处理系统中产生的浮渣和生物污泥通过自流或用污泥泵打入污泥浓缩池。在此，污泥进行浓缩，上清液回到调节池，浓缩后的污泥汇集至污泥斗，在污泥斗底设置污泥管，然后通过污泥泵抽至晒渣场进行干化处理制成有机肥。干污泥定期拉走处理，脱出的废水回到调节池。

（二）处理效果

该工程每天厌氧消化单元日产沼气 3 500~4 000 立方米，日发电 10~12 小时（2 550~3 060 千瓦·时）。猪场废水处理工程运行监测结果见表 4-8-3。从监测结果来看，整个系统对 COD、NH_4^+-N、SS 的去除率分别达到 98%、92%、99% 以上，好氧处理出水浓度为 COD 100~120 毫克/升、NH_4^+-N 10.0~30.0 毫克/升、SS 5~6 毫克/升，达到了《畜禽养殖业污染物排放标准》（DB 44/613—2009）的珠三角标准。

表4-8-3 猪场废水处理工程运行监测结果

监测时间	监测指标	进水	出水	测试单位
2015.6.10	COD（毫克/升）		120	深圳市谱尼测试科技有限公司
	NH_4^+-N（毫克/升）		30.0	
	SS（毫克/升）		6	
	TP(毫克/升)		0.5	
2015.6.10	COD（毫克/升）	6 851	115	设计单位实验室
	NH_4^+-N（毫克/升）	287	23.2	
	SS（毫克/升）	2 501	5	
2015.7.16	COD（毫克/升）	6 452	110	设计单位实验室
	NH_4^+-N（毫克/升）	559	13.6	
2015.8.19	COD（毫克/升）	3 506	115	设计单位实验室
	NH_4^+-N（毫克/升）	288	26.6	
2015.9.5	COD（毫克/升）		109	设计单位实验室
	NH_4^+-N（毫克/升）		21	
2015.9.18	COD（毫克/升）	6 050	113	设计单位实验室
	NH_4^+-N（毫克/升）	669	17	
2015.9.30	COD（毫克/升）		108	深圳市谱尼测试科技有限公司
	NH_4^+-N（毫克/升）		15	
	SS（毫克/升）		5.6	
	TP(毫克/升)		0.2	
2015.10.24	COD（毫克/升）	3 309	101	设计单位实验室
	NH_4^+-N（毫克/升）	719	10.4	

四、投资效益

该工程需1个操作工运行管理废水工程，每月工资总计3 000元；每月污水处理药剂费为10 050元；设备维修费大约1 500元/月；设备运行电费加设备折旧费约55 700元/月，总计运行费70 200元/月，实际废水处理量平均520吨/天，该工程实际运行费用约为4.50元/吨。该工程整个处理系统实际用电均由处理过程产生的沼气发电供给。

沼气发电供污水处理工程外，剩余供办公、猪舍用电，每年节约电费大约20万元；还有一部分沼气供食堂炊事，每年节约燃料费2万元。沼气收益与废水处理工程运行费用基本持平。

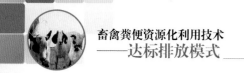

案例9 山东华盛江泉农牧产业发展有限公司
【UASB（厌氧）+活性污泥（好氧）+深度处理】

一、简介

山东华盛江泉农牧产业发展有限公司生猪养殖项目占地 8 500 亩，该场现存栏生猪 60 000 头，其中能繁母猪存栏 6 000 头，以发展循环经济，实现可持续发展为经营理念。建有污水处理和有机肥加工厂一处，已建成的污水处理厂一期工程投资 5 000 万元，日处理能力 3 600 立方米，猪粪水经污水处理后实现达标排放，污泥经高温好氧发酵制成有机肥进行农业利用。

该场采用水泡粪工艺，粪便在养殖场停留一段时间后（一般 1~2 个月），随水冲至污水处理厂调节池（图 4-9-1）暂存，进入污水处理系统。

图 4-9-1 调节池

二、工艺流程

该场污水处理系统采用了连续进水、间歇出水、双池串联工艺，其中，处理养殖废水方法与养殖废水过滤净化池工艺两项发明已获得国家发明专利，处理技术在国内城市污水处理领域中处于领先水平。粪水处理后综合排放标准达到《城市污水再生杂用水水质标准》（GB 18920—2002）要求，同时优于《山东省南水北调沿线水污染物综合排放标准》（DB 37/599—2006）重点保护区域排放标准（图 4-9-2）。

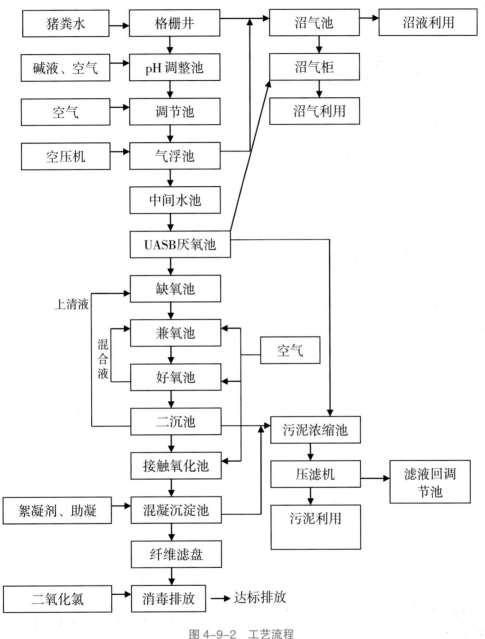

图 4-9-2　工艺流程

三、技术单元

（一）预处理

粪水经渠道收集自流至格栅井，除去水中的颗粒悬浮物，通过 pH 值调节池、废水调节池、气浮池（图4-9-3）、中间水池，对系统的 pH、水质、水温等进行调节。

图 4-9-3　气浮池

（二）生化处理

中间水池出水经提升泵进入 UASB 厌氧池（上流式厌氧污泥床反应器），粪水经厌氧菌（主要是甲烷菌）的作用下去除大部分 COD 和 BOD。厌氧池亦有杀菌作用，可杀死粪水及污泥中的寄生虫卵及相关致病微生物。

UASB 厌氧池出水自流至缺氧池，缺氧池主要作用是反硝化菌将好氧池回流带入的硝酸盐通过生物反硝化作用，转化成氮气逸出，并降解部分有机物，消除氮的营养化污染。

厌氧池和缺氧池见图4-9-4。

图 4-9-4　厌氧池和缺氧池

缺氧池出水自流至兼氧池，在兼氧异养微生物的作用下将废水中部分不溶性的有机物转化为溶解性的有机物，部分难降解的大分子有机物转化为小分子的易降解有机物，从而去除部分 COD 并提高废水的可生化性。兼氧池出水自流至好氧池（图 4-9-5）。好氧池包括去除 BOD、硝化、吸收磷等功能。有机物分解成 CO_2 和 H_2O，经活性污泥的吸附降解，使水质得到净化；氨氮及在硝化菌的作用下转化成硝酸盐；聚磷菌在此阶段超量吸收磷，并通过剩余污泥的排放，将磷除去。

图 4-9-5 好氧池

好氧池出水自流至二沉池（图 4-9-6），二沉池主要作用是分离好氧曝气池出水的泥水混合液，分离后出水进入后续处理；污泥部分重新回到好氧池，部分排至污泥浓缩池。

图 4-9-6 二沉池

（三）深度处理

通过接触氧化池（图4-9-7）、混凝沉淀池（图4-9-8）、生物纤维滤盘（图4-9-9），进一步去除水中残留的COD、悬浮物、磷等污染物，保证出水达标。

图 4-9-7　接触氧化池

图 4-9-8　混凝沉淀池

图 4-9-9　生物纤维滤盘

四、效益分析

目前，该场日处理粪水量约为 1 000 吨，处理粪水费用每立方米为 10 元左右，所处理完的粪水主要用于绿化及现代农业的农作物灌溉等方面。粪便综合处理、达标排放的能耗较高，猪场粪便处理的收益有限，环保投资和运行压力较大。

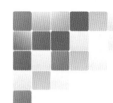
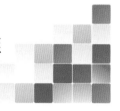

附录：畜禽养殖业污染物排放标准（GB 18596—2001）

前　言

为贯彻《环境保护法》、《水污染防治法》、《大气污染防治法》控制畜禽养殖业生产的废水、废渣和恶臭对环境的污染，促进养殖业生产工艺和技术进步，维护生态平衡，制订本标准。

本标准适用于集约化、规模化的畜禽养殖场和养殖区，不适用于畜禽散养户。根据养殖规模，分阶段逐步控制，鼓励种养结合和生态养殖，逐步实现全国养殖业的合理布局。

根据畜禽养殖业污染物排放的特点，本标准规定的污染物控制项目包括生化指标、卫生学指标和感观指标等。为推动畜禽养殖业污染物的减量化、无害化和资源化，本标准规定了废水、恶臭排放标准和废渣无害化环境标准。

本标准为首次制订。

本标准由国家环境保护总局科技标准司提出。

本标准由农业部环境保护科研监测所、天津市畜牧局、上海市畜牧办公室、上海市农业科学院环境科学研究所负责起草。

本标准由国家环境保护总局于 2001 年 11 月 26 日批准。

本标准由国家环境总局负责解释。

1　主题内容和适用范围

1.1　主题内容

本标准按集约化畜禽养殖业的不同规模分别规定了水污染物、恶臭气体的最高允许日均排放浓度、最高允许排水量，畜禽养殖业废渣无害化环境标准。

1.2　适用范围

本标准适用于全国集约化畜禽养殖场和养殖区污染物的排放管理，以及这些建设项目环境影响评价、环境保护设施设计、竣工验收及其投产后的排放管理。

1.2.1　本标准适用的畜禽养殖场和养殖区的规模分级，按表 1 和表 2 执行。

表1　集约化畜禽养殖场的适用规模（以存栏数计）

类别	猪（头）	牛（头）		鸡（只）	
规模分级	25 千克以上	成年奶牛	肉牛	蛋鸡	肉鸡
I 级	≥ 3 000	≥ 200	≥ 400	≥ 100 000	≥ 200 000
II 级	500 ≤ Q < 3 000	100 ≤ Q < 200	200 ≤ Q < 400	15 000 ≤ Q < 100 000	30 000 ≤ Q < 200 000

表2　集约化畜禽养殖区的适用规模（以存栏数计）

类别	猪（头）	牛（头）		鸡（只）	
规模分级	25 千克以上	成年奶牛	肉牛	蛋鸡	肉鸡
I 级	≥ 6 000	≥ 400	≥ 800	≥ 200 000	≥ 400 000
II 级	3 000 ≤ Q < 6 000	200 ≤ Q < 400	400 ≤ Q < 800	100 000 ≤ Q < 200 000	200 000 ≤ Q < 400 000

注：Q 表示养殖量

1.2.2　对具有不同畜禽种类的养殖场和养殖区，其规模可将鸡、牛的养殖量换算成猪的养殖量，换算比例为：30 只蛋鸡折算成 1 头猪，60 只肉鸡折算成 1 头猪，1 头奶牛折算成 10 头猪，1 头肉牛折算成 5 头猪。

1.2.3　所有 I 级规模范围内的集约化畜禽养殖场和养殖区，以及 II 级规模范围内且地处国家环境保护重点城市、重点流域和污染严重河网地区的集约化畜禽养殖场和养殖区，自本标准实施之日起开始执行。

1.2.4　其他地区 II 级规模范围内的集约化养殖场和养殖区，实施标准的具体时间可由县级以上人民政府环境保护行政主管部门确定，但不得迟于 2004 年 7 月 1 日。

1.2.5　对集约化养羊场和养羊区，将羊的养殖量换算成猪的养殖量，换算比例为：3 只羊换算成 1 头猪，根据换算后的养殖量确定养羊场或养羊区的规模级别，并参照本标准的规定执行。

2　定义

2.1　集约化畜禽养殖场

指进行集约化经营的畜禽养殖场。集约化养殖是指在较小的场地内，投入较多的生产资料和劳动，采用新的工艺与技术措施，进行精心管理的饲养方式。

2.2　集约化畜禽养殖区

指距居民区一定距离，经过行政区划确定的多个畜禽养殖个体生产集中的区域。

2.3　废渣

指养殖场外排的畜禽粪便、畜禽舍垫料、废饲料及散落的毛羽等固体废物。

2.4 恶臭污染物

指一切刺激嗅觉器官，引起人们不愉快及损害生活环境的气体物质。

2.5 臭气浓度

指恶臭气体（包括异味）用无臭空气进行稀释，稀释到刚好无臭时所需的稀释倍数。

2.6 最高允许排水量

指在畜禽养殖过程中直接用于生产的水的最高允许排放量。

3 技术内容

本标准按水污染物、废渣和恶臭气体的排放分为以下三部分。

3.1 畜禽养殖业水污染物排放标准

3.1.1 畜禽养殖业废水不得排入敏感水域和有特殊功能的水域。排放去向应符合国家和地方的有关规定。

3.1.2 标准适用规模范围内的畜禽养殖业的水污染物排放分别执行表3、表4和表5的规定。

表3 集约化畜禽养殖业水冲工艺最高允许排水量

种类	猪 [立方米 /（百头·天）]		牛 [立方米 /（百头·天）]		鸡 [立方米 /（千只·天）]	
季节	冬季	夏季	冬季	夏季	冬季	夏季
标准值	2.5	3.5	20	30	0.8	1.2

注：废水最高允许排放量的单位中，百头、千只均指存栏数。

春、秋季废水最高允许排放量按冬、夏两季的平均值计算。

表4 集约化畜禽养殖业干清粪工艺最高允许排水量

种类	猪 [立方米 /（百头·天）]		牛 [立方米 /（百头·天）]		鸡 [立方米 /（千只·天）]	
季节	冬季	夏季	冬季	夏季	冬季	夏季
标准值	1.2	1.8	0.5	0.7	17	20

注：废水最高允许排放量的单位中，百头、千只均指存栏数。春、秋季废水最高允许排放量按冬、夏两季的平均值计算。

表5 集约化畜禽养殖业水污染物最高允许日均排放浓度

控制项目	五日生化需氧量（毫克 / 升）	化学需氧量（毫克 / 升）	悬浮物（毫克 / 升）	氨氮（毫克 / 升）	总磷（以 P 计）（毫克 / 升）	粪大肠菌群数（个 /100 毫升）	蛔虫卵（个 / 升）
标推值	150	400	200	80	8.0	1000	2.0

3.2 畜禽养殖业废渣无害化环境标准

3.2.1 畜禽养殖业必须设置废渣的固定储存设施和场所，储存场所要有防止粪液渗漏、溢流措施。

3.2.2 用于直接还田的畜禽粪便，必须进行无害化处理。

3.2.3 禁止直接将废渣倾倒入地表水体或其他环境中。畜禽粪便还田时，不能超过当地的最大农田负荷量，避免造成面源污染和地下水污染。

3.2.4 经无害化处理后的废渣，应符合表6的规定。

表6 畜禽养殖业废渣无害化环境标准

控制项目	指标
蛔虫卵	死亡率 ≥ 95%
粪大肠菌群数	≤ 10^5 个 / 千克

3.3 畜禽养殖业恶臭污染物排放标准

3.3.1 集约化畜禽养殖业恶臭污染物的排放执行表7的规定。

表7 集约化畜禽养殖业恶臭污染物排放标准

控制项目	标准值
臭气浓度（无量纲）	70

3.4 畜禽养殖业应积极通过废水和粪便的还田或其他措施对所排放的污染物进行综合利用，实现污染物的资源化。

4 监测

污染物项目监测的采样点和采样频率应符合国家环境监测技术规范的要求。污染物项目的监测方法按表8执行。

表8 畜禽养殖业污染物排放配套监测方法

序号	项目	监测方法	方法来源
1	生化需氧（BOD_5）	稀释与接种法	GB 7488—87
2	化学需氧（COD_{Cr}）	重铬酸钾法	GB 11914—89
3	悬浮物 (SS)	重量法	GB 11901—89
4	氨氮（$NH_4^+—N$）	钠氏试剂比色法	GB 7479—87
		水杨酸分光光度法	GB 7481—87
5	总 P（以 P 计）	钼蓝比色法	1)
6	粪大肠菌群数	多管发酵法	GB 5750—85
7	蛔虫卵	吐温—80柠檬酸缓冲液离心沉淀集卵法	2)
8	蛔虫卵死亡率	堆肥蛔虫卵检查法	GB 7959—87
9	寄生虫卵沉降率	粪稀蛔虫卵检查法	GB 7959—87
10	臭气浓度	三点式比较臭袋法	GB 14675

注：分析方法中，未列出国标的暂时采用下列方法，待国家标准方法颁布后执行国家标准。

　　1）水和废水监测分析方法（第三版），中国环境科学出版社，1989。

　　2）卫生防疫检验，上海科学技术出版社，1964。

5　标准的实施

5.1　本标准由县级以上人民政府环境保护行政主管部门实施统一监督管理。

5.2　省、自治区、直辖市人民政府可根据地方环境和经济发展的需要，确定严于本标准的集约化畜禽养殖业适用规模，或制定更为严格的地方畜禽养殖业污染物排放标准，并报国务院环境保护行政主管部门备案。

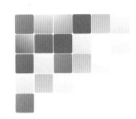

参考文献

邓良伟，蔡昌达，陈铭铭，等 .2002. 猪场废水厌氧消化液后处理技术研究及工程应用 [J]. 农业工程学报，18（3）：92-94.

邓良伟，郑平，陈子爱 . 2004. Anarwia 工艺处理猪场废水的技术经济性研究 [J]. 浙江大学学报（农业与生命科学版），30（6）：628-634.

丁能水，吴登飞，吴加发 . 2014. 现代养猪关键技术 [M]. 南昌：江西科学技术出版社 .

方圣琼，张宏旺 . 2011. ABR 处理高浓度畜禽养殖废水的工艺研究 [J]. 安徽农学通报，17（15）：22-24.

高云超，邝哲师，田兴山，等 . 2003. 猪场污水活性污泥—氧化塘法处理效果及环境问题探讨 [J]. 广东农业科学（3）：46-49.

龚松 .2014. EGSB+ 生物接触氧化 + MBR 处理规模化猪场废水的试验研究 [D]. 武汉科技大学 .

焦德富，汪国刚，赵明梅 . 2013. 新型 USR 反应器对高浓度牛粪污降解的性能研究 [J]. 安徽农业科学，41（7）：3 044-3 046.

李志，杨军香 .2013. 病死畜禽无害化处理主推技术 [M]. 北京：中国农业科学技术出版社 .

娄佑武，吴志勇，徐晓云 . 2014. 生猪清洁生产技术 [M]. 南昌：江西科学技术出版社 .

孟海玲，董红敏，黄宏坤 . 2007. 膜生物反应器用于猪场污水深度处理试验 [J]. 农业环境科学学报，26（4）：1 277-1 281.

沈启扬，陈新华，刘卫华 . 2011. 畜禽粪便固液分离技术研究与设备改进 [J]. 江苏农机化，23-25.

宋成芳，单胜道，张妙仙，等 . 2001. 畜禽养殖废弃沼液的膜过滤浓缩试验研究 [J]. 中国给水排水，27（3）：84-86.

汪国刚，赵明梅，郎咸明，等 . 2009. 改进型升流式固体反应器处理猪粪污新工艺研究 [J]. 环境工程学报，3（5）：919-922.

徐洁泉，杨可俊，刘膺虎，等 . 1991. 集约化猪场粪便污水沼气发酵综合处理系统的生产试验 [J]. 中国沼气（3）：26-29.

徐洁泉，胡伟，汤玉珍，等 . 1997. 低温和近中温猪粪液厌氧处理的装置比较研究 [J]. 中国沼气，15（2）：7-13.

许振成，谌建宇，曾雁湘，等 . 2008. 集约化猪场废水强化生化处理工艺试验研究 [J]. 农业工程学报，23（10）：204-209.

杨虹，李道棠，朱章玉，等 . 2000. 集约化养猪场冲栏水的达标处理 [J]. 上海交通大学学

报，34（4）：558–560.

余薇薇，张智，毕胜兰，等 . 2011. 改良型两级 A/O 工艺处理畜禽养殖场的沼液研究 [J]. 中国给水排水，27（1）：8–11.

张自杰，等 . 2003. 废水处理理论与设计 [M]. 北京：中国建筑工业出版社 .

张自杰，等 . 1996. 环境工程手册—水污染防治卷 [M]. 北京：高等教育出版社 .

掌子凯，刘长春 . 2013. 生猪养殖主推技术 [M]. 北京：中国农业科学技术出版社 .

郑久坤，杨军香 . 2013. 粪污处理主推技术 [M]. 北京：中国农业科学技术出版社 .

郑文鑫，防文熙，张德晖，等 . 2011. 几种常见的畜禽粪便固液分离设备 [J]. 福建农机，37–39.

周孟津，杨秀山，张维来，等 . 1996. 升流式固体反应器处理鸡粪废水的研究 [J]. 环境科学，17（4）：44–56.

朱飞虹，朱伟清，吴烨，等 . 2014. 运用黑膜沼气池处理高浓度养殖污水的研究 [J]. 农业工程技术，（12）：21–23.

Deng, L. W., Zheng, P., Chen, Z. A. 2006. Anaerobic digestion and post–treatment of swine wastewater using IC‑SBR process with bypass of raw wastewater[J]. Process Biochemistry, 41(4): 965–969.

Jern, N. W. 1987. Aerobic treatment of piggery wastewater with the sequencing batch reactor[J]. Biological wastes, 22(4): 285–294.

Piccinini, S., Verzellesi, F., Mantovi, P. 2002. Biological nutrient removal in a full sequencing batch reactor treating pig slurry[J]. In Proceedings of the 10th International Conference of the RAMIRAN Network, Strbske Pleso, High Tatras, Slovak Republic, 14–18.

Su, J. J., Lian, W. C., Wu, J. F. 1999. Studies on piggery wastewater treatment by a full–scale sequencing batch reactor after anaerobic fermentation [J]. Chung–hua Nungxue Huibao, 188: 47–58.

Vanotti, M. B., Szogi, A. A., Hunt, P. G., Millner, P. D., Humenik, F. J. 2007. Development of environmentally superior treatment system to replace anaerobic swine lagoons in the USA[J]. Bioresource Technology, 98(17): 3184–3194.